20kV JI YIXIA PEIDIANWANG GONGCHENG
SHEBEI CAILIAO JIAGE XINXI

20kV及以下配电网工程设备材料价格信息

（2021年上半年）

电力工程造价与定额管理总站 发布

中国电力出版社
CHINA ELECTRIC POWER PRESS

图书在版编目（CIP）数据

20kV 及以下配电网工程设备材料价格信息．2021 年．上半年/电力工程造价与定额管理总站发布．—北京：中国电力出版社，2021.9

ISBN 978-7-5198-6010-3

Ⅰ.①2…　Ⅱ.①电…　Ⅲ.①配电系统—工程设备—价格—中国—2021 ②配电系统—工程材料—价格—中国—2021　Ⅳ.①TM727②F426.61

中国版本图书馆 CIP 数据核字（2021）第 188975 号

出版发行：中国电力出版社
地　　址：北京市东城区北京站西街 19 号
邮政编码：100005
网　　址：http://www.cepp.sgcc.com.cn
责任编辑：高　芬（010-63412717）
责任校对：黄　蓓　常燕昆
装帧设计：张俊霞　赵姗姗
责任印制：石　雷

印　　刷：三河市航远印刷有限公司
版　　次：2021 年 9 月第一版
印　　次：2021 年 9 月北京第一次印刷
开　　本：850 毫米×1188 毫米　32 开本
印　　张：5.25
字　　数：140 千字
印　　数：0001—1500 册
定　　价：48.00 元

电力工程造价与定额管理总站
关于发布《20kV及以下配电网工程设备材料价格信息（2021年上半年）》的通知

定额〔2021〕27号

各有关单位：

为满足20kV及以下配电网工程建设需要，科学反映设备材料市场价格变动情况，合理确定和有效控制工程造价，电力工程造价与定额管理总站组织编制完成了《20kV及以下配电网工程设备材料价格信息（2021年上半年）》，现予发布。

使用过程中如发现有疏漏之处，请及时反馈我站。

附件：《20kV及以下配电网工程设备材料价格信息（2021年上半年）》（另附）

电力工程造价与定额管理总站（印）

2021年9月13日

编制及使用说明

本价格信息内容包括20kV及以下配电网工程建设与改造所使用的设备材料，分为变压器、箱式变电站、开关设备、避雷器、配电屏柜、控制保护装置、通信设备材料、电线、电缆、绝缘材料、金具、杆塔及附件、布线材料、接地装置及材料、主要建筑材料，共15章。

一、价格构成

（1）本册中各项材料所给出的价格信息为施工现场出库价，其中卸车费和保管费占材料税前单价的2%。

（2）本册中各项设备所给出的价格信息为出厂价格，运杂费、卸车费及保管费依据《20kV及以下配电网工程建设预算编制与计算规定（2016年版）》另行计算。

（3）本设备材料信息价为税前单价。

二、价格水平

（1）本价格信息为2021年上半年全国平均价格水平。

（2）本价格信息每半年公布一次。

三、使用方法

(1) 本价格信息仅作为编制 20kV 及以下配电网工程建设预算时参考使用。

(2) 阻燃电缆、阻燃电线的价格按相同型号、规格电缆、电线价格乘以系数 1.1。

目　录

第6章 控制保护装置

第7章 通信设备材料

第8章　电　　线

第 12 章　杆塔及附件

第 13 章　布 线 材 料

第 14 章　接地装置及材料

第 15 章　主要建筑材料

第1章 变压器

设备名称	型号规格	计量单位	价格（元）
1.1　10kV 变压器			
10kV 变压器	1000kVA，硅钢片，干式	台	100100
10kV 变压器	800kVA，硅钢片，干式	台	88700
10kV 变压器	800kVA，硅钢片，油浸	台	63300
10kV 变压器	800kVA，非晶合金，干式	台	128800
10kV 变压器	630kVA，硅钢片，干式	台	81200
10kV 变压器	630kVA，硅钢片，油浸	台	67400
10kV 变压器	630kVA，非晶合金，油浸	台	70600
10kV 变压器	500kVA，硅钢片，干式	台	76900
10kV 变压器	500kVA，硅钢片，油浸	台	58000
10kV 变压器	500kVA，非晶合金，油浸	台	59600
10kV 变压器	400kVA，硅钢片，干式	台	56100
10kV 变压器	400kVA，硅钢片，油浸	台	49300
10kV 变压器	400kVA，非晶合金，油浸	台	50300
10kV 变压器	315kVA，硅钢片，油浸	台	33900
10kV 变压器	315kVA，非晶合金，油浸	台	39500
10kV 变压器	250kVA，硅钢片，油浸	台	26100

续表

设备名称	型号规格	计量单位	价格（元）
10kV 变压器	200kVA，硅钢片，干式	台	51800
10kV 变压器	200kVA，硅钢片，油浸	台	31100
10kV 变压器	200kVA，非晶合金，油浸	台	34300
10kV 变压器	160kVA，硅钢片，油浸	台	19000
10kV 变压器	100kVA，硅钢片，干式	台	28500
10kV 变压器	100kVA，硅钢片，油浸	台	19700
10kV 变压器	100kVA，非晶合金，油浸	台	24500
10kV 变压器	50kVA，硅钢片，油浸	台	12800
10kV 变压器	30kVA，硅钢片，干式	台	15600
1.2　20kV 变压器			
20kV 变压器	1250kVA，硅钢片，干式	台	130700
20kV 变压器	1000kVA，硅钢片，干式	台	118600
20kV 变压器	800kVA，硅钢片，干式	台	93700
20kV 变压器	630kVA，硅钢片，干式	台	86100
20kV 变压器	630kVA，硅钢片，油浸	台	69200
20kV 变压器	400kVA，硅钢片，干式	台	60100

续表

设备名称	型号规格	计量单位	价格（元）
20kV 变压器	400kVA，硅钢片，油浸	台	52800
20kV 变压器	400kVA，非晶合金，油浸	台	53800
20kV 变压器	200kVA，硅钢片，干式	台	55500
20kV 变压器	200kVA，硅钢片，油浸	台	32100
20kV 变压器	200kVA，非晶合金，油浸	台	35400
20kV 变压器	100kVA，硅钢片，干式	台	30400
20kV 变压器	100kVA，硅钢片，油浸	台	21100
1.3　调容变压器			
调容变压器	AC 10kV，630（200）kVA，有载，油浸	台	89400
调容变压器	AC 10kV，400（125）kVA，有载，油浸	台	68200
调容变压器	AC 10kV，200（63）kVA，有载，油浸	台	45800
1.4　10kV 柱上变压器台成套设备			
10kV 柱上变压器台成套设备	400（125）kVA，15m	套	89300
10kV 柱上变压器台成套设备	400（125）kVA，12m	套	88900
10kV 柱上变压器台成套设备	400kVA，15m	套	68100
10kV 柱上变压器台成套设备	400kVA，12m	套	67800

续表

设备名称	型号规格	计量单位	价格（元）
10kV 柱上变压器台成套设备	200（63）kVA，15m	套	73900
10kV 柱上变压器台成套设备	200（63）kVA，12m	套	71500
10kV 柱上变压器台成套设备	200kVA，15m	套	52800
10kV 柱上变压器台成套设备	200kVA，12m	套	52700
10kV 柱上变压器台成套设备	100（30）kVA，12m	套	49800
10kV 柱上变压器台成套设备	100kVA，15m	套	38400
10kV 柱上变压器台成套设备	100kVA，12m	套	37500
10kV 柱上变压器台成套设备	100kVA，10m	套	34400
10kV 柱上变压器台成套设备	50kVA，15m	套	27900
10kV 柱上变压器台成套设备	50kVA，12m	套	27600
10kV 柱上变压器台成套设备	50kVA，10m	套	25700
10kV 柱上变压器台成套设备	单相变 50kVA，12m	套	23000
10kV 柱上变压器台成套设备	单相变 30kVA，12m	套	20600
10kV 柱上变压器台成套设备	单相变 30kVA，10m	套	16400
10kV 柱上变压器台成套设备	单相变 10kVA，12m	套	15100
1.5　调压器			
调压器	AC 10kV，8000kVA，0%~+20%	台	217500

续表

设备名称	型号规格	计量单位	价格（元）
调压器	AC 10kV，4000kVA，-20%～+20%	台	124800
调压器	AC 10kV，4000kVA，0%～+20%	台	115800
调压器	AC 10kV，2000kVA，-20%～+20%	台	94400
调压器	AC 10kV，2000kVA，0%～+20%	台	87400
调压器	AC 10kV，1000kVA，-20%～+20%	台	94300
调压器	AC 10kV，1000kVA，0%～+20%	台	85300
调压器	AC 380V，200kVA，0%～+20%	台	41200
调压器	AC 380V，31.5kVA，0%～+20%	台	14800
调压器	AC 220V，20kVA，0%～+20%	台	9200

第2章 箱式变电站

设备名称	型号规格	计量单位	价格（元）
箱式变电站	1600kVA，欧式，有环网柜	套	286900
箱式变电站	800kVA，欧式，有环网柜	套	202600
箱式变电站	630kVA，欧式，有环网柜	套	190100
箱式变电站	500kVA，欧式，有环网柜	套	176700
箱式变电站	400kVA，欧式，有环网柜	套	161500
箱式变电站	315kVA，欧式，有环网柜	套	155900
箱式变电站	200kVA，一体式，无环网柜	套	70200
箱式变电站	100kVA，一体式，无环网柜	套	52500
箱式变电站	100kVA，欧式，有环网柜	套	144100
箱式变电站	630kVA，美式，无环网柜	套	134600
箱式变电站	500kVA，美式，无环网柜	套	122200
箱式变电站	400kVA，美式，无环网柜	套	102200
箱式变电站	315kVA，美式，无环网柜	套	91900
箱式变电站	200kVA，美式，无环网柜	套	86600

第3章 开关设备

设备名称	型号规格	计量单位	价格（元）
3.1　一二次融合成套柱上断路器			
一二次融合成套柱上断路器	AC 10kV，630A，20kA	套	29100
一二次融合成套柱上断路器	AC 10kV，630A，16kA	套	26300
3.2　一二次融合成套柱上负荷开关			
一二次融合成套柱上负荷开关	AC 10kV，SF_6，无隔离闸刀	套	25900
一二次融合成套柱上负荷开关	AC 10kV，真空，有隔离闸刀	套	26900
3.3　柱上断路器			
柱上断路器	AC 20kV，真空，户外	台	14100
柱上断路器	AC 10kV，SF_6，用户分界	台	16700
柱上断路器	AC 10kV，真空，户外	台	12300
柱上断路器	AC 10kV，真空，用户分界	台	18700
3.4　高压交流自动重合器			
高压交流自动重合器	AC 10kV，630A，20kA	台	20400
3.5　交流单相隔离开关			
交流单相隔离开关	AC 20kV，630A，20kA	台	900
3.6　交流三相隔离开关			
交流三相隔离开关	1250A，单接地	组	4000

续表

设备名称	型号规格	计量单位	价格（元）
交流三相隔离开关	1250A，双接地	组	4500
交流三相隔离开关	630A，不接地	组	1100
3.7　高压熔断器			
高压熔断器	AC 20kV，跌落式	只	310
高压熔断器	AC 10kV，喷射式	只	1070
高压熔断器	AC 10kV，跌落式	只	240
3.8　低压开关			
低压开关	1000A，单相	个	370
低压开关	800A，单相	个	330
低压开关	630A，四相	个	1128
低压开关	630A，三相	个	853
低压开关	500A，四相	个	1039
低压开关	500A，三相	个	785
低压开关	400A，四相	个	691
低压开关	400A，三相	个	523
低压开关	250A，四相	个	385

续表

设备名称	型号规格	计量单位	价格（元）
低压开关	250A，三相	个	278
低压开关	200A，三相	个	182
低压开关	200A，两相	个	146
低压开关	180A，三相	个	165
低压开关	160A，三相	个	165
低压开关	125A，四相	个	269
低压开关	125A，三相	个	149
低压开关	125A，两相	个	139
低压开关	100A，四相	个	258
低压开关	100A，三相	个	146
低压开关	100A，两相	个	134
低压开关	100A，单相	个	55
低压开关	80A，三相	个	128
低压开关	80A，单相	个	55
低压开关	63A，三相	个	123
低压开关	63A，单相	个	55

续表

设备名称	型号规格	计量单位	价格（元）
低压开关	60A，三相	个	96
低压开关	60A，单相	个	29
低压开关	40A，三相	个	69
低压开关	40A，单相	个	21
低压开关	32A，单相	个	21
低压开关	30A，单相	个	21
低压开关	25A，单相	个	21
低压开关	20A，单相	个	21
3.9　开关柜验电小车			
开关柜验电小车	1000mm	只	2590
开关柜验电小车	800mm	只	2430
开关柜验电小车	550mm	只	2320

第4章 避雷器

设备名称	型号规格	计量单位	价格（元）
交流避雷器	AC 20kV，34kV，95kV	台	190
交流避雷器	AC 20kV，26kV，72kV	台	184
交流避雷器	AC 10kV，17kV，50kV	台	131
交流避雷器	AC 10kV，17kV，45kV	台	128
交流避雷器	AC 10kV，13kV，40kV	台	119

第5章 配电屏柜

设备名称	型号规格	计量单位	价格（元）
5.1　一二次融合成套环网箱			
一二次融合成套环网箱	AC 10kV，630A，SF_6	套	234900
一二次融合成套环网箱	AC 10kV，630A，固体	套	215200
一二次融合成套环网箱	AC 10kV，630A，环保气体	套	195300
5.2　高压开关柜			
高压开关柜	AC 20kV，站用变开关柜，1250A，25kA	台	136800
高压开关柜	AC 20kV，站用变开关柜，630A，25kA	台	87500
高压开关柜	AC 20kV，馈线开关柜，1250A，25kA	台	117800
高压开关柜	AC 20kV，馈线开关柜，630A，25kA	台	54600
高压开关柜	AC 20kV，进线开关柜，1250A，25kA	台	130900
高压开关柜	AC 20kV，进线开关柜，630A，25kA	台	62400
高压开关柜	AC 20kV，母线设备柜，1250A，无开关	台	121900
高压开关柜	AC 20kV，母线设备柜，630A，无开关	台	54200
高压开关柜	AC 20kV，分段断路器柜，1250A，25kA	台	123100
高压开关柜	AC 20kV，分段断路器柜，630A，25kA	台	55700
高压开关柜	AC 20kV，分段隔离柜，1250A，25kA	台	72900
高压开关柜	AC 20kV，分段隔离柜，630A，25kA	台	40100

续表

设备名称	型号规格	计量单位	价格（元）
高压开关柜	AC 10kV，站用变开关柜，1250A，31.5kA	台	75400
高压开关柜	AC 10kV，站用变开关柜，1250A，25kA	台	72000
高压开关柜	AC 10kV，站用变开关柜，1250A，无开关	台	50100
高压开关柜	AC 10kV，站用变开关柜，630A，无开关	台	48500
高压开关柜	AC 10kV，馈线开关柜，1250A，31.5kA	台	50300
高压开关柜	AC 10kV，馈线开关柜，1250A，25kA	台	46100
高压开关柜	AC 10kV，馈线开关柜，630A，20kA	台	41100
高压开关柜	AC 10kV，分段断路器柜，4000A，40kA	台	94500
高压开关柜	AC 10kV，分段断路器柜，3150A，40kA	台	83800
高压开关柜	AC 10kV，分段断路器柜，2500A，31.5kA	台	80800
高压开关柜	AC 10kV，分段断路器柜，2500A，25kA	台	71600
高压开关柜	AC 10kV，分段断路器柜，1250A，31.5kA	台	41700
高压开关柜	AC 10kV，分段断路器柜，1250A，25kA	台	35300
高压开关柜	AC 10kV，分段断路器柜，630A，20kA	台	34900
高压开关柜	AC 10kV，分段隔离柜，4000A，40kA	台	92100
高压开关柜	AC 10kV，分段隔离柜，4000A，无开关	台	80800

续表

设备名称	型号规格	计量单位	价格（元）
高压开关柜	AC 10kV，分段隔离柜，3150A，40kA	台	62600
高压开关柜	AC 10kV，分段隔离柜，3150A，无开关	台	59300
高压开关柜	AC 10kV，分段隔离柜，2500A，31.5kA	台	51200
高压开关柜	AC 10kV，分段隔离柜，2500A，25kA	台	40700
高压开关柜	AC 10kV，分段隔离柜，1250A，31.5kA	台	30400
高压开关柜	AC 10kV，分段隔离柜，1250A，25kA	台	29900
高压开关柜	AC 10kV，分段隔离柜，1250A，无开关	台	28900
高压开关柜	AC 10kV，分段隔离柜，630A，无开关	台	28400
高压开关柜	AC 10kV，接地变柜，1250A，31.5kA	台	47700
高压开关柜	AC 10kV，母线设备柜，1250A，31.5kA	台	65200
高压开关柜	AC 10kV，母线设备柜，1250A，无开关	台	41200
高压开关柜	AC 10kV，母线设备柜，630A，无开关	台	38700
高压开关柜	AC 10kV，负荷开关熔断器柜，1250A，无开关	台	43900
高压开关柜	AC 10kV，进线隔离柜，4000A，40kA	台	95600
高压开关柜	AC 10kV，进线隔离柜，2500A，25kA	台	65600
高压开关柜	AC 10kV，进线开关柜，4000A，40kA	台	145700

续表

设备名称	型号规格	计量单位	价格（元）
高压开关柜	AC 10kV，进线开关柜，3150A，40kA	台	111100
高压开关柜	AC 10kV，进线开关柜，2500A，31.5kA	台	97500
高压开关柜	AC 10kV，进线开关柜，2500A，25kA	台	96900
高压开关柜	AC 10kV，进线开关柜，1250A，31.5kA	台	50500
高压开关柜	AC 10kV，进线开关柜，1250A，25kA	台	45000
高压开关柜	AC 10kV，进线开关柜，630A，20kA	台	44000
高压开关柜	AC 10kV，电容器开关柜，1250A，31.5kA	台	50900
5.3　环网箱			
环网箱	2，6，AC 20kV	台	303000
环网箱	2，6，AC 10kV	台	299200
环网箱	2，4，AC 20kV	台	261100
环网箱	2，4，AC 10kV	台	194700
环网箱	2，2，AC 20kV	台	150700
环网箱	2，2，AC 10kV	台	146300
环网箱	1，3，AC 10kV	台	136300
环网箱	1，2，AC 10kV	台	102100

续表

设备名称	型号规格	计量单位	价格（元）
5.4　环网柜			
环网柜	断路器柜，SF_6，AC 20kV，630A	面	48300
环网柜	断路器柜，SF_6，AC 10kV，630A	面	24800
环网柜	断路器柜，固体绝缘，AC 10kV，630A	面	27400
环网柜	断路器柜，空气，AC 10kV，630A	面	25600
环网柜	电压互感器柜，SF_6，AC 20kV，630A	面	40500
环网柜	电压互感器柜，SF_6，AC 10kV，630A	面	18500
环网柜	电压互感器柜，固体绝缘，AC 10kV，630A	面	28700
环网柜	电压互感器柜，空气，AC 10kV，630A	面	16800
环网柜	电缆连接柜，SF_6，AC 10kV，630A	面	5900
环网柜	电缆连接柜，固体绝缘，AC 10kV，630A	面	9100
环网柜	电缆连接柜，空气，AC 10kV，630A	面	4400
环网柜	站用变柜，SF_6，AC 10kV，630A	面	30400
环网柜	站用变柜，固体绝缘，AC 10kV，630A	面	39500
环网柜	站用变柜，空气，AC 20kV，630A	面	43000
环网柜	站用变柜，空气，AC 10kV，630A	面	28800

续表

设备名称	型号规格	计量单位	价格（元）
环网柜	计量柜，空气，AC 10kV，630A	面	14200
环网柜	母线柜，SF_6，AC 10kV，630A	面	21500
环网柜	负荷开关柜，SF_6，AC 20kV，630A	面	26400
环网柜	负荷开关柜，SF_6，AC 10kV，630A	面	14500
环网柜	负荷开关柜，固体绝缘，AC 10kV，630A	面	22100
环网柜	负荷开关柜，空气，AC 10kV，630A	面	13400
环网柜	负荷开关熔断器组合柜，SF_6，AC 20kV，125A	面	29100
环网柜	负荷开关熔断器组合柜，SF_6，AC 10kV，125A	面	17900
环网柜	负荷开关熔断器组合柜，固体绝缘，AC 10kV，125A	面	31700
环网柜	负荷开关熔断器组合柜，空气，AC 10kV，125A	面	18900
5.5　高压电缆分支箱			
高压电缆分支箱	AC 20kV，二路，630A	只	10300
高压电缆分支箱	AC 10kV，二路，630A	只	7700
5.6　高压计量柜			
高压计量柜	AC 10kV	台	25900
高压计量柜	AC 380V	台	10500

续表

设备名称	型号规格	计量单位	价格（元）
5.7　低压开关柜			
低压开关柜	AC 380V，固定分隔式，2500A，65kA	台	50100
低压开关柜	AC 380V，固定分隔式，2000A，65kA	台	42000
低压开关柜	AC 380V，固定分隔式，1250A，65kA	台	27600
低压开关柜	AC 380V，固定分隔式，800A，65kA	台	21600
低压开关柜	AC 380V，固定式，2500A，65kA	台	46300
低压开关柜	AC 380V，固定式，2000A，65kA	台	32900
低压开关柜	AC 380V，固定式，1250A，65kA	台	22700
低压开关柜	AC 380V，固定式，800A，65kA	台	20000
低压开关柜	AC 380V，抽屉式，2500A，65kA	台	40500
低压开关柜	AC 380V，抽屉式，2000A，65kA	台	31900
低压开关柜	AC 380V，抽屉式，1250A，65kA	台	22400
低压开关柜	AC 380V，抽屉式，800A，65kA	台	17000
低压开关柜	AC 380V，固定分隔式，2500A，50kA	台	39300
低压开关柜	AC 380V，固定分隔式，2000A，50kA	台	33200
低压开关柜	AC 380V，固定分隔式，1250A，50kA	台	26300

续表

设备名称	型号规格	计量单位	价格（元）
低压开关柜	AC 380V，固定分隔式，800A，50kA	台	17700
低压开关柜	AC 380V，固定式，2500A，50kA	台	28700
低压开关柜	AC 380V，固定式，2000A，50kA	台	17400
低压开关柜	AC 380V，固定式，1250A，50kA	台	15200
低压开关柜	AC 380V，固定式，800A，50kA	台	13600
低压开关柜	AC 380V，抽屉式，2500A，50kA	台	28800
低压开关柜	AC 380V，抽屉式，2000A，50kA	台	20300
低压开关柜	AC 380V，抽屉式，1250A，50kA	台	18300
低压开关柜	AC 380V，抽屉式，800A，50kA	台	16000
低压开关柜	AC 380V，抽屉式，630A，50kA	台	15300
低压开关柜	AC 220V，抽屉式，2500A，50kA	台	37800
低压开关柜	AC 220V，抽屉式，2500A，40kA	台	23300
低压开关柜	AC 380V，抽屉式，1600A，31.5kA	台	24100
低压开关柜	AC 380V，抽屉式，630A，31.5kA	台	18100
5.8 配电箱			
配电箱	户内，12 回路	个	13200

续表

设备名称	型号规格	计量单位	价格（元）
配电箱	户内，9 回路	个	11700
配电箱	户内，6 回路	个	8400
配电箱	户内，4 回路	个	6500
配电箱	户内，2 回路	个	4400
配电箱	户外，16 回路	个	21700
配电箱	户外，12 回路	个	20300
配电箱	户外，9 回路	个	13300
配电箱	户外，8 回路	个	9900
配电箱	户外，6 回路	个	9300
配电箱	户外，5 回路	个	7600
配电箱	户外，4 回路	个	4900
配电箱	户外，3 回路	个	3600
配电箱	户外，2 回路	个	3400
配电箱	户外，1 回路	个	3200
5.9　低压电缆分支箱			
低压电缆分支箱	AC 400V，七路，630A	只	7300

续表

设备名称	型号规格	计量单位	价格（元）
低压电缆分支箱	AC 400V，七路，400A	只	6600
低压电缆分支箱	AC 400V，七路，160A	只	4200
低压电缆分支箱	AC 400V，五路，630A	只	5600
低压电缆分支箱	AC 400V，五路，400A	只	5600
低压电缆分支箱	AC 400V，五路，160A	只	4100
低压电缆分支箱	AC 400V，四路，400A	只	4700
低压电缆分支箱	AC 400V，四路，160A	只	3200
低压电缆分支箱	AC 400V，三路，400A	只	3100
低压电缆分支箱	AC 400V，三路，160A	只	2500
5.10 智能电能表			
智能电能表	0.2S 级，无控，AC 100V	只	1300
智能电能表	0.2S 级，无控，AC 57.7V	只	1200
智能电能表	0.5S 级，无控，AC 220V	只	1300
智能电能表	0.5S 级，无控，AC 100V	只	1300
智能电能表	0.5S 级，无控，AC 57.7V	只	1500
智能电能表	1 级，无控，AC 100V	只	1000

续表

设备名称	型号规格	计量单位	价格（元）
5.11　数字化电能表			
数字化电能表	0.2S/2 级	只	3200
数字化电能表	0.5S/2 级	只	3000

第 6 章　控制保护装置

设备名称	型号规格	计量单位	价格（元）
6.1 低压电容器柜			
低压电容器柜	AC 380V，固定式，360kvar	台	25300
低压电容器柜	AC 380V，固定式，300kvar	台	22200
低压电容器柜	AC 380V，固定式，240kvar	台	20100
低压电容器柜	AC 380V，固定式，160kvar	台	19000
低压电容器柜	AC 380V，固定式，130kvar	台	15800
低压电容器柜	AC 380V，固定式，100kvar	台	13600
低压电容器柜	AC 380V，固定式，60kvar	台	11900
低压电容器柜	AC 380V，常规+SVC，360kvar	台	54300
低压电容器柜	AC 380V，常规+SVC，300kvar	台	51100
低压电容器柜	AC 380V，常规+SVC，240kvar	台	48400
低压电容器柜	AC 380V，抽屉式，300kvar	台	15600
低压电容器柜	AC 380V，抽屉式，240kvar	台	14400
低压电容器柜	AC 380V，抽屉式，150kvar	台	14000
6.2 电流互感器			
电流互感器	AC 10kV，1500/5	台	1240
电流互感器	AC 10kV，1000/5	台	1230

续表

设备名称	型号规格	计量单位	价格（元）
电流互感器	AC 10kV，800/5	台	1080
电流互感器	AC 10kV，600/5	台	910
电流互感器	AC 10kV，500/5	台	540
电流互感器	AC 10kV，400/5 及以下	台	480
电流互感器	AC 500V，1500/5	台	91
电流互感器	AC 500V，1000/5	台	83
电流互感器	AC 500V，800/5	台	82
电流互感器	AC 500V，600/5	台	80
电流互感器	AC 500V，400/5 及以下	台	77
6.3　电压互感器			
电压互感器	AC 10kV，干式，三相，0.5	台	3690
电压互感器	AC 10kV，干式，三相，0.2	台	2350
电压互感器	AC 10kV，干式，单相，0.5	台	1320
电压互感器	AC 10kV，干式，单相，0.2	台	850
6.4　柱上无功补偿成套装置			
柱上无功补偿成套装置	AC 10kV，450kvar	套	30530

续表

设备名称	型号规格	计量单位	价格（元）
柱上无功补偿成套装置	AC 10kV，300kvar	套	25040
柱上无功补偿成套装置	AC 10kV，150kvar	套	20800
柱上无功补偿成套装置	AC 380V，60kvar	套	15750
柱上无功补偿成套装置	AC 380V，30kvar	套	9930
6.5　组合互感器			
组合互感器	AC 10kV，干式	台	4260
6.6　变电站监控系统			
变电站监控系统	AC 10kV	套	187700
6.7　测量控制装置			
测量控制装置	AC 10kV	套	41500
6.8　智能巡检控制系统			
智能巡检控制系统	AC 10kV	套	141400
6.9　配电终端			
配电终端	站所终端（DTU）	套	17890
配电终端	馈线终端（FTU）	套	6330
配电终端	配变终端（TTU）	套	7820

续表

设备名称	型号规格	计量单位	价格（元）
6.10 备用设备及备用电源自动投入			
备用设备及备用电源自动投入	AC 10kV	套	15440
备用设备及备用电源自动投入	AC 400V	套	10460
6.11 母联（分段）保护			
母联（分段）保护	AC 10kV	套	9900
6.12 电容器保护			
电容器保护	AC 10kV	套	10000
6.13 线路保护			
线路保护	AC 10kV	套	10400
6.14 蓄电池组			
蓄电池组	DC 12V，200Ah	套	41400
蓄电池组	DC 12V，150Ah	套	31100
蓄电池组	DC 12V，100Ah	套	12700
蓄电池组	DC 2V，1200Ah	套	51600
蓄电池组	DC 2V，1000Ah	套	44600
蓄电池组	DC 2V，800Ah	套	37600

续表

设备名称	型号规格	计量单位	价格（元）
蓄电池组	DC 2V，500Ah	套	37000
蓄电池组	DC 2V，400Ah	套	34000
蓄电池组	DC 2V，300Ah	套	30800
蓄电池组	DC 2V，200Ah	套	22800
蓄电池组	DC 2V，100Ah	套	14800
6.15　UPS 电源（不间断电源）			
UPS 电源（不间断电源）	100kVA	套	133600
UPS 电源（不间断电源）	80kVA	套	129900
UPS 电源（不间断电源）	40kVA	套	115400
UPS 电源（不间断电源）	30kVA	套	72900
UPS 电源（不间断电源）	25kVA	套	63900
UPS 电源（不间断电源）	20kVA	套	45000
UPS 电源（不间断电源）	15kVA	套	41300
UPS 电源（不间断电源）	10kVA	套	27000
UPS 电源（不间断电源）	7.5kVA	套	18300
UPS 电源（不间断电源）	5kVA	套	17400

续表

设备名称	型号规格	计量单位	价格（元）
UPS 电源（不间断电源）	3kVA	套	12700
UPS 电源（不间断电源）	2kVA	套	9200
6.16　馈电屏			
馈电屏	DC 110V	套	33100
馈电屏	DC 48V	套	12600
6.17　直流电源系统			
直流电源系统	DC 220V，400A	套	250100
直流电源系统	DC 220V，200A	套	247300
直流电源系统	DC 220V，100A	套	146400
直流电源系统	DC 220V，80A	套	99800
直流电源系统	DC 220V，70A	套	81300
直流电源系统	DC 220V，60A	套	76400
直流电源系统	DC 220V，50A	套	62400
直流电源系统	DC 220V，40A	套	58300
直流电源系统	DC 220V，30A	套	48200
直流电源系统	DC 220V，10A	套	28000

续表

设备名称	型号规格	计量单位	价格（元）
直流电源系统	DC 110V，200A	套	196200
直流电源系统	DC 110V，100A	套	85500
直流电源系统	DC 110V，60A	套	59600
直流电源系统	DC 110V，40A	套	51700
直流电源系统	DC 110V，30A	套	45900
直流电源系统	DC 110V，10A	套	21100
6.18　一体化电源系统			
一体化电源系统	DC 220V，100A	套	156700
一体化电源系统	DC 220V，60A	套	114300
一体化电源系统	DC 220V，50A	套	94900
一体化电源系统	DC 220V，40A	套	91400
一体化电源系统	DC 110V，100A	套	78900
6.19　厂站终端			
厂站终端	GPRS，机架式	套	11100
厂站终端	GPRS，表型	套	5200
厂站终端	光纤，机架式	套	12100

续表

设备名称	型号规格	计量单位	价格（元）
厂站终端	光纤，表型	套	7600
6.20　变电在线监测装置			
变电在线监测装置	变电设备在线监测主站	套	93900
变电在线监测装置	SF_6 监测系统	套	16400
6.21　线路在线监测装置			
线路在线监测装置	综合在线监测装置	套	132100
6.22　解列装置			
解列装置	AC 10kV	套	20900
6.23　减载装置			
减载装置	AC 10kV	套	4950
6.24　消谐装置			
消谐装置	AC 10kV	套	5650
6.25　合并单元			
合并单元	常规互感器，常规互感器	套	25000
6.26　智能一体化电源系统			
智能一体化电源系统	DC 220V，500A	套	1136300

续表

设备名称	型号规格	计量单位	价格（元）
智能一体化电源系统	DC 220V，400A	套	669300
智能一体化电源系统	DC 220V，300A	套	614600
智能一体化电源系统	DC 220V，100A	套	200100
智能一体化电源系统	DC 220V，80A	套	160700
智能一体化电源系统	DC 220V，70A	套	150100
智能一体化电源系统	DC 220V，50A	套	138700
智能一体化电源系统	DC 220V，40A	套	79800
智能一体化电源系统	DC 110V，900A	套	1394700
6.27 防雷设备			
防雷设备	浪涌保护	台	472
防雷设备	线路过电压保护器	台	82
防雷设备	绝缘子式限压器	台	283
防雷设备	线路防雷装置	台	200
防雷设备	避雷针	台	7394

第7章 通信设备材料

设备名称	型号规格	计量单位	价格（元）
7.1　综合接入设备			
综合接入设备	32	台	3460
综合接入设备	16	台	2790
7.2　直流-48V 通信电源成套设备			
直流-48V 通信电源成套设备	500A，500Ah	套	64900
直流-48V 通信电源成套设备	300A，500Ah	套	39000
直流-48V 通信电源成套设备	200A，500Ah	套	36000
直流-48V 通信电源成套设备	200A，300Ah	套	34200
直流-48V 通信电源成套设备	160A，300Ah	套	33400
直流-48V 通信电源成套设备	120A，500Ah	套	31300
直流-48V 通信电源成套设备	120A，300Ah	套	22100
直流-48V 通信电源成套设备	90A，100Ah	套	15600
7.3　光纤配线架（ODF）			
光纤配线架（ODF）	≥144 芯	套	6650
光纤配线架（ODF）	72~144 芯	套	5730
光纤配线架（ODF）	≤72 芯	套	2270

续表

设备名称	型号规格	计量单位	价格（元）
7.4 数字配线架（DDF）			
数字配线架（DDF）	100~200 系统	套	8270
数字配线架（DDF）	40~100 系统	套	7060
数字配线架（DDF）	≤40 系统	套	1330
7.5 音频配线架（VDF）			
音频配线架（VDF）	≥400 回线	套	7900
音频配线架（VDF）	100~400 回线	套	3540
7.6 录音系统			
录音系统	数字，>8	套	41100
录音系统	数字，≤8	套	19400
7.7 KVM 多计算机切换器			
KVM 多计算机切换器	USB	台	116000
7.8 KVM 延伸器			
KVM 延伸器	USB	台	16270
7.9 机柜			
机柜	800mm，2200mm，600mm	套	5230

续表

设备名称	型号规格	计量单位	价格（元）
机柜	800mm，2000mm，1000mm	套	9460
机柜	600mm，2200mm，600mm	套	4840
机柜	600mm，2000mm，1000mm	套	8950
7.10　平板电脑			
平板电脑	7″	台	5330
7.11　自助缴费终端			
自助缴费终端	壁挂式-标配	套	19400
自助缴费终端	标准型大堂式-扩展	套	48880
自助缴费终端	标准型穿墙式-扩展	套	51470
7.12　数配模块			
数配模块	DDF16，通用性配件	个	800
7.13　光配模块			
光配模块	ODF/72，通用性配件	个	1110
7.14　音频模块			
音频模块	VDF100，通用性配件	个	720

续表

设备名称	型号规格	计量单位	价格（元）
7.15　普通光缆			
普通光缆	96芯，G.652，非金属防鼠咬光缆	km	9040
普通光缆	96芯，G.652，非金属阻燃光缆	km	8510
普通光缆	72芯，G.652，非金属光缆	km	5580
普通光缆	72芯，G.652，非金属防鼠咬光缆	km	6220
普通光缆	72芯，G.652，非金属阻燃光缆	km	5270
普通光缆	60芯，G.652，非金属阻燃光缆	km	5130
普通光缆	48芯，G.652，直埋Ⅰ型光缆	km	4900
普通光缆	48芯，G.652，管道光缆	km	3620
普通光缆	48芯，G.652，非金属光缆	km	4330
普通光缆	48芯，G.652，非金属防鼠咬光缆	km	5530
普通光缆	48芯，G.652，非金属阻燃光缆	km	5070
普通光缆	36芯，G.652，直埋Ⅰ型光缆	km	4060
普通光缆	36芯，G.652，非金属光缆	km	3700
普通光缆	36芯，G.652，非金属防鼠咬光缆	km	4790
普通光缆	36芯，G.652，非金属阻燃光缆	km	4370

续表

设备名称	型号规格	计量单位	价格（元）
普通光缆	32 芯，G. 652，非金属阻燃光缆	km	3500
普通光缆	24 芯，G. 652，直埋 I 型光缆	km	3570
普通光缆	24 芯，G. 652，管道光缆	km	2370
普通光缆	24 芯，G. 652，非金属光缆	km	2360
普通光缆	24 芯，G. 652，非金属防鼠咬光缆	km	3050
普通光缆	24 芯，G. 652，非金属阻燃光缆	km	3870
普通光缆	16 芯，G. 652，非金属阻燃光缆	km	2910
普通光缆	12 芯，G. 652，直埋 I 型光缆	km	2540
普通光缆	12 芯，G. 652，管道光缆	km	1860
普通光缆	12 芯，G. 652，非金属光缆	km	1570
普通光缆	12 芯，G. 652，非金属防鼠咬光缆	km	2170
普通光缆	12 芯，G. 652，非金属阻燃光缆	km	2950
7.16 全介质自承式光缆（ADSS）			
全介质自承式光缆（ADSS）	96 芯，G. 652，≥25. 2kN	km	16790
全介质自承式光缆（ADSS）	96 芯，G. 652，≥36. 8kN	km	20730
全介质自承式光缆（ADSS）	96 芯，G. 652，≥42. 6kN	km	21450

续表

设备名称	型号规格	计量单位	价格（元）
全介质自承式光缆（ADSS）	72 芯，G. 652，≥12. 4kN	km	11820
全介质自承式光缆（ADSS）	72 芯，G. 652，≥18. 2kN	km	13150
全介质自承式光缆（ADSS）	72 芯，G. 652，≥31. 0kN	km	17620
全介质自承式光缆（ADSS）	72 芯，G. 652，≥40. 3kN	km	17820
全介质自承式光缆（ADSS）	48 芯，G. 655，≥12. 4kN	km	19270
全介质自承式光缆（ADSS）	48 芯，G. 652，≥11. 0kN	km	11010
全介质自承式光缆（ADSS）	48 芯，G. 652，≥12. 4kN	km	11490
全介质自承式光缆（ADSS）	48 芯，G. 652，≥18. 2kN	km	12150
全介质自承式光缆（ADSS）	48 芯，G. 652，≥31. 0kN	km	13100
全介质自承式光缆（ADSS）	48 芯，G. 652，≥34. 5kN	km	13890
全介质自承式光缆（ADSS）	48 芯，G. 652，≥40. 3kN	km	15700
全介质自承式光缆（ADSS）	48 芯，G. 652，≥49. 6kN	km	17000
全介质自承式光缆（ADSS）	48 芯，G. 652，≥57. 8kN	km	20860
全介质自承式光缆（ADSS）	48 芯，G. 652，≥64. 7kN	km	23450
全介质自承式光缆（ADSS）	36 芯，G. 652，≥11. 0kN	km	9370
全介质自承式光缆（ADSS）	36 芯，G. 652，≥16. 0kN	km	11730

续表

设备名称	型号规格	计量单位	价格（元）
全介质自承式光缆（ADSS）	36 芯，G. 652，≥24. 0kN	km	12640
全介质自承式光缆（ADSS）	36 芯，G. 652，≥30. 6kN	km	14290
全介质自承式光缆（ADSS）	36 芯，G. 652，≥39. 0kN	km	15490
全介质自承式光缆（ADSS）	36 芯，G. 652，≥48. 0kN	km	17930
全介质自承式光缆（ADSS）	36 芯，G. 652，≥55. 0kN	km	19170
全介质自承式光缆（ADSS）	24 芯，G. 655，≥11. 0kN	km	8730
全介质自承式光缆（ADSS）	24 芯，G. 655，≥55. 0kN	km	25070
全介质自承式光缆（ADSS）	24 芯，G. 652，≥11. 0kN	km	8340
全介质自承式光缆（ADSS）	24 芯，G. 652，≥16. 0kN	km	9330
全介质自承式光缆（ADSS）	24 芯，G. 652，≥24. 0kN	km	10920
全介质自承式光缆（ADSS）	24 芯，G. 652，≥30. 6kN	km	12450
全介质自承式光缆（ADSS）	24 芯，G. 652，≥39. 0kN	km	14520
全介质自承式光缆（ADSS）	24 芯，G. 652，≥48. 0kN	km	17050
全介质自承式光缆（ADSS）	24 芯，G. 652，≥55. 0kN	km	18720
全介质自承式光缆（ADSS）	24 芯，G. 652，≥62. 0kN	km	20140
全介质自承式光缆（ADSS）	16 芯，G. 652，≥11. 0kN	km	6460

续表

设备名称	型号规格	计量单位	价格（元）
全介质自承式光缆（ADSS）	16 芯，G.652，≥16.0kN	km	7360
全介质自承式光缆（ADSS）	16 芯，G.652，≥24.0kN	km	10220
7.17　OPGW 光缆			
OPGW 光缆	72 芯，G.652	km	14400
OPGW 光缆	48 芯，G.652	km	11100
OPGW 光缆	24 芯，G.652	km	10300
7.18　预制光缆			
预制光缆	24 芯	m	92
预制光缆	12 芯	m	73
7.19　光缆悬垂串			
光缆悬垂串	70kN，ADSS 用单线夹	套	231
光缆悬垂串	70kN，ADSS 用双线夹	套	372
光缆悬垂串	70kN，OPGW 用单线夹	套	177
光缆悬垂串	40kN，ADSS 用单线夹	套	140
光缆悬垂串	40kN，ADSS 用双线夹	套	303

续表

设备名称	型号规格	计量单位	价格（元）
7.20　光缆耐张串			
光缆耐张串	120kN，OPGW 用单线夹	套	292
光缆耐张串	70kN，ADSS 用单线夹	套	147
光缆耐张串	70kN，ADSS 用双线夹	套	300
光缆耐张串	70kN，OPGW 用单线夹	套	127
光缆耐张串	40kN，ADSS 用单线夹	套	140
光缆耐张串	40kN，ADSS 用双线夹	套	304
7.21　光缆接头盒			
光缆接头盒	ADSS 光缆用，96 芯	只	520
光缆接头盒	ADSS 光缆用，72 芯	只	498
光缆接头盒	ADSS 光缆用，48 芯	只	455
光缆接头盒	ADSS 光缆用，36 芯	只	410
光缆接头盒	ADSS 光缆用，24 芯	只	440
光缆接头盒	ADSS 光缆用，16 芯	只	337
光缆接头盒	OPGW 光缆用，72 芯	只	520
光缆接头盒	OPGW 光缆用，48 芯	只	490

续表

设备名称	型号规格	计量单位	价格（元）
光缆接头盒	OPGW 光缆用，24 芯	只	460
光缆接头盒	普通光缆用，96 芯	只	288
光缆接头盒	普通光缆用，72 芯	只	220
光缆接头盒	普通光缆用，48 芯	只	199
光缆接头盒	普通光缆用，24 芯	只	235
7.22 光缆金具			
光缆金具	ADSS，卡具	副	31
光缆金具	ADSS，悬垂金具	副	66
光缆金具	ADSS，耐张金具	副	46
光缆金具	ADSS，联结金具	副	101
光缆金具	ADSS，防振金具	副	61
光缆金具	OPGW，卡具	副	27
光缆金具	OPGW，防振金具	副	59

第8章 电线

材料名称	型号规格	计量单位	价格（元）
8.1　封闭母线桥			
封闭母线桥	AC 20kV，1250A	m	20510
封闭母线桥	AC 10kV，4000A	m	10380
封闭母线桥	AC 10kV，3150A	m	8910
封闭母线桥	AC 10kV，2500A	m	6230
封闭母线桥	AC 10kV，1250A	m	4180
封闭母线桥	AC 380V，3150A	m	7270
封闭母线桥	AC 380V，2000A	m	4250
封闭母线桥	AC 380V，1250A	m	2870
8.2　封闭绝缘母线			
封闭绝缘母线	AC 1kV，2000A	m	5700
封闭绝缘母线	AC 1kV，1000A	m	2630
封闭绝缘母线	AC 380V，3200A	m	6380
封闭绝缘母线	AC 380V，2500A	m	5590
8.3　槽形母线			
槽形母线	2500A	m	1250
槽形母线	2000A	m	1230

续表

材料名称	型号规格	计量单位	价格（元）
槽形母线	1600A	m	1080
槽形母线	1250A	m	1070
槽形母线	800A	m	1060
8.4 管状母线			
管状母线	6300A	m	730
管状母线	6000A	m	420
管状母线	5000A	m	280
管状母线	4500A	m	280
管状母线	4000A	m	280
管状母线	3150A	m	270
管状母线	2500A	m	250
管状母线	2000A	m	150
管状母线	1600A	m	150
8.5 矩形母线			
矩形母线	4000A	m	2740
矩形母线	3150A	m	1650

续表

材料名称	型号规格	计量单位	价格（元）
矩形母线	2500A	m	1450
矩形母线	2000A	m	1130
矩形母线	1250A	m	560
8.6 密集绝缘母线槽始端箱			
密集绝缘母线槽始端箱	2500A	个	5420
密集绝缘母线槽始端箱	2000A	个	4700
密集绝缘母线槽始端箱	1600A	个	3990
密集绝缘母线槽始端箱	1250A	个	2700
密集绝缘母线槽始端箱	800A	个	1770
8.7 密集绝缘母线槽连接器			
密集绝缘母线槽连接器	2500A，五相	套	830
密集绝缘母线槽连接器	2000A，五相	套	650
密集绝缘母线槽连接器	1600A，五相	套	590
密集绝缘母线槽连接器	1250A，五相	套	370
密集绝缘母线槽连接器	800A，五相	套	300

续表

材料名称	型号规格	计量单位	价格（元）
8.8　密集绝缘母线槽沉降节			
密集绝缘母线槽沉降节	2500A	只	4980
密集绝缘母线槽沉降节	2000A	只	4300
密集绝缘母线槽沉降节	1600A	只	3620
密集绝缘母线槽沉降节	1250A	只	2930
密集绝缘母线槽沉降节	800A	只	740
8.9　密集绝缘母线槽吊架			
密集绝缘母线槽吊架	2.5m，钢制	副	60
8.10　密集绝缘母线槽插接箱			
密集绝缘母线槽插接箱	400A，含（三极），不带	个	1070
密集绝缘母线槽插接箱	250A，含（三极），不带	个	480
密集绝缘母线槽插接箱	160A，含（三极），不带	个	330
密集绝缘母线槽插接箱	100A，含（三极），不带	个	180
8.11　布电线			
布电线	BLVV，240，1芯	m	18.60
布电线	BLVV，120，1芯	m	9.61

续表

材料名称	型号规格	计量单位	价格（元）
布电线	BLVV，70，1 芯	m	6.12
布电线	BLVV，50，1 芯	m	4.79
布电线	BLVV，35，1 芯	m	3.33
布电线	BLVV，25，1 芯	m	2.46
布电线	BLVV，16，1 芯	m	1.93
布电线	BLVVB，16，2 芯	m	3.50
布电线	BLVVB，10，2 芯	m	2.10
布电线	BLVVB，6，2 芯	m	1.85
布电线	BLV，240，1 芯	m	20.12
布电线	BLV，185，1 芯	m	15.09
布电线	BLV，150，1 芯	m	12.58
布电线	BLV，120，1 芯	m	10.06
布电线	BLV，95，1 芯	m	7.55
布电线	BLV，70，1 芯	m	5.03
布电线	BLV，50，1 芯	m	3.72
布电线	BLV，35，1 芯	m	2.68

续表

材料名称	型号规格	计量单位	价格（元）
布电线	BLV，25，1 芯	m	2.03
布电线	BLV，16，1 芯	m	1.27
布电线	BLV，10，1 芯	m	1.01
布电线	BV，120，1 芯	m	81.75
布电线	BV，70，1 芯	m	56.97
布电线	BV，50，1 芯	m	33.99
布电线	BV，35，1 芯	m	22.32
布电线	BV，25，1 芯	m	17.25
布电线	BV，16，1 芯	m	11.54
布电线	BV，10，1 芯	m	6.76
布电线	BV，6，1 芯	m	4.00
布电线	BV，4，3 芯	m	10.06
布电线	BV，4，1 芯	m	2.88
布电线	BV，2.5，3 芯	m	6.29
布电线	BV，2.5，1 芯	m	1.63
布电线	BV，1.5，1 芯	m	1.00

续表

材料名称	型号规格	计量单位	价格（元）
布电线	BV，0.75，1芯	m	0.87
布电线	BV，0.5，2芯	m	1.55
布电线	BLX，25，1芯	m	2.52
布电线	BVR，300，1芯	m	217.58
布电线	BVR，240，1芯	m	167.27
布电线	BVR，150，1芯	m	103.13
布电线	BVR，120，1芯	m	84.26
布电线	BVR，95，1芯	m	66.66
布电线	BVR，50，1芯	m	35.21
布电线	BVR，35，1芯	m	26.41
布电线	BVR，25，1芯	m	18.89
布电线	BVR，16，1芯	m	11.32
布电线	BVR，10，1芯	m	7.68
布电线	BVR，6，1芯	m	4.12
布电线	BVR，4，1芯	m	2.84
布电线	BVR，2.5，1芯	m	1.77

续表

材料名称	型号规格	计量单位	价格（元）
布电线	BVR，1.5，1芯	m	1.26
布电线	BVV，10，2芯	m	15.35
布电线	BVV，6，2芯	m	10.45
布电线	BVV，4，2芯	m	7.04
布电线	BVV，2.5，2芯	m	5.13
布电线	BVV，1，2芯	m	3.15
布电线	BVV，0.75，2芯	m	2.74
布电线	BVV，0.5，2芯	m	1.56
布电线	BVVB，16，2芯	m	18.96
布电线	BVVB，10，2芯	m	14.00
布电线	BVVB，6，2芯	m	8.40
布电线	BVVB，4，2芯	m	5.70
布电线	BVVB，2.5，2芯	m	3.89
布电线	BVVB，1.5，3芯	m	3.77
布电线	BVVB，1.5，2芯	m	2.45
布电线	BVVB，1.5，1芯	m	2.39

续表

材料名称	型号规格	计量单位	价格（元）
布电线	NLYV，95，1芯	m	8.80
布电线	NLYV，70，1芯	m	6.29
布电线	NLYV，50，1芯	m	5.03
布电线	NLYV，35，1芯	m	3.77
布电线	NLYV，25，1芯	m	2.77
布电线	NLYV，16，1芯	m	2.52
布电线	RVS，0.75，2芯	m	1.38
布电线	RVS，0.5，2芯	m	1.32
布电线	RVVB，1.5，2芯	m	2.52
布电线	RVVP，0.75，2芯	m	3.36
布电线	RVVP，0.5，2芯	m	2.52
布电线	RVV，1.5，2芯	m	2.59
布电线	RVV，0.75，2芯	m	2.52
布电线	YZ，4，4芯	m	13.83
布电线	YZ，2.5，4芯	m	8.80
布电线	YZ，2.5，2芯	m	5.03

续表

材料名称	型号规格	计量单位	价格（元）
布电线	YZ，1.5，2 芯	m	3.77
布电线	ZBV，4，1 芯	m	2.52
布电线	ZBV，2.5，1 芯	m	1.26
8.12　钢绞线			
钢绞线	100	t	9790
钢绞线	80	t	9490
钢绞线	50	t	9480
钢绞线	35	t	8480
8.13　钢芯铝绞线			
钢芯铝绞线	630/55	t	17100
钢芯铝绞线	500/45	t	17000
钢芯铝绞线	400/50	t	17000
钢芯铝绞线	400/35	t	17200
钢芯铝绞线	300/25	t	16800
钢芯铝绞线	240/30	t	17500
钢芯铝绞线	185/25	t	16700

续表

材料名称	型号规格	计量单位	价格（元）
钢芯铝绞线	150/25	t	16500
钢芯铝绞线	150/20	t	15600
钢芯铝绞线	120/20	t	17390
钢芯铝绞线	95/15	t	15490
钢芯铝绞线	70/10	t	16450
钢芯铝绞线	50/8	t	17090
钢芯铝绞线	35/6	t	15710
8.14　钢芯耐热铝合金绞线			
钢芯耐热铝合金绞线	1440/120	t	20260
钢芯耐热铝合金绞线	630/55	t	18480
8.15　集束绝缘导线			
集束绝缘导线	AC 1kV，JKLYJ，35	km	12710
集束绝缘导线	AC 1kV，JKLYJ，25	km	4660
集束绝缘导线	AC 1kV，JKLYJ，16	km	2990
集束绝缘导线	AC 0.4kV，BS-JKLYJ，25	km	4850
集束绝缘导线	AC 0.4kV，BS3-JKLYJ，70	km	9390

续表

材料名称	型号规格	计量单位	价格（元）
集束绝缘导线	AC 0.4kV，BS3-JKLYJ，35	km	5570
集束绝缘导线	AC 0.4kV，BS3-JKLYJ，16	km	2900
集束绝缘导线	AC 0.4kV，BS3-JKYJ，25	km	33000
集束绝缘导线	AC 0.4kV，BS3-JKYJ，16	km	23020
集束绝缘导线	AC 0.4kV，BS3-JKYJ，10	km	14420
集束绝缘导线	AC 0.4kV，BS1-JKLYJ，120	km	36760
集束绝缘导线	AC 0.4kV，BS1-JKLYJ，70	km	22620
集束绝缘导线	AC 0.4kV，BS1-JKLYJ，35	km	12830
集束绝缘导线	AC 0.4kV，BS1-JKLYJ，16	km	6660
集束绝缘导线	AC 0.4kV，BS1-JKYJ，120	km	256500
集束绝缘导线	AC 0.4kV，BS1-JKYJ，70	km	167210
集束绝缘导线	AC 0.4kV，BS1-JKYJ，50	km	114070
集束绝缘导线	AC 0.4kV，BS1-JKYJ，35	km	73390
集束绝缘导线	AC 0.4kV，BS1-JKYJ，25	km	59680
8.16 架空绝缘导线			
架空绝缘导线	AC 20kV，JKLHYJ，240	km	24330

续表

材料名称	型号规格	计量单位	价格（元）
架空绝缘导线	AC 20kV，JKLHYJ，150	km	17010
架空绝缘导线	AC 20kV，JKLHYJ，70	km	10940
架空绝缘导线	AC 20kV，JKLYJ，240	km	21570
架空绝缘导线	AC 20kV，JKLYJ，150	km	15260
架空绝缘导线	AC 20kV，JKLYJ，70	km	9110
架空绝缘导线	AC 10kV，JKLGYJ，240/30	km	22150
架空绝缘导线	AC 10kV，JKLGYJ，185/25	km	17920
架空绝缘导线	AC 10kV，JKLGYJ，150/25	km	14420
架空绝缘导线	AC 10kV，JKLGYJ，120/20	km	12520
架空绝缘导线	AC 10kV，JKLGYJ，95/15	km	11020
架空绝缘导线	AC 10kV，JKLGYJ，70/10	km	7520
架空绝缘导线	AC 10kV，JKLGYJ，50/8	km	6120
架空绝缘导线	AC 10kV，JKLHYJ/Q，240	km	21010
架空绝缘导线	AC 10kV，JKLHYJ/Q，150	km	12970
架空绝缘导线	AC 10kV，JKLHYJ/Q，70	km	6790
架空绝缘导线	AC 10kV，JKLYJ，240	km	17960

续表

材料名称	型号规格	计量单位	价格（元）
架空绝缘导线	AC 10kV，JKLYJ，185	km	14720
架空绝缘导线	AC 10kV，JKLYJ，150	km	13250
架空绝缘导线	AC 10kV，JKLYJ，120	km	10540
架空绝缘导线	AC 10kV，JKLYJ，95	km	8560
架空绝缘导线	AC 10kV，JKLYJ，70	km	6970
架空绝缘导线	AC 10kV，JKLYJ，50	km	5670
架空绝缘导线	AC 10kV，JKTRJY，35	km	24200
架空绝缘导线	AC 10kV，JKYJ，95	km	61890
架空绝缘导线	AC 10kV，JKYJ，50	km	30140
架空绝缘导线	AC 1kV，JKLGYJ，240/30	km	20420
架空绝缘导线	AC 1kV，JKLGYJ，185/25	km	15780
架空绝缘导线	AC 1kV，JKLGYJ，120/20	km	10410
架空绝缘导线	AC 1kV，JKLGYJ，70/10	km	5900
架空绝缘导线	AC 1kV，JKLGYJ，95	km	8040
架空绝缘导线	AC 1kV，JKLGYJ，70	km	6000
架空绝缘导线	AC 1kV，JKLYJ，240	km	17590

续表

材料名称	型号规格	计量单位	价格（元）
架空绝缘导线	AC 1kV，JKLYJ，185	km	15940
架空绝缘导线	AC 1kV，JKLYJ，150	km	9110
架空绝缘导线	AC 1kV，JKLYJ，120	km	8120
架空绝缘导线	AC 1kV，JKLYJ，70	km	4950
架空绝缘导线	AC 1kV，JKLYJ，35	km	2700
架空绝缘导线	AC 1kV，JKLYJ，25	km	1880
架空绝缘导线	AC 1kV，JKLYJ，16	km	1390
架空绝缘导线	AC 1kV，JKTRJY，300	km	209850
架空绝缘导线	AC 1kV，JKTRJY，240	km	139230
架空绝缘导线	AC 1kV，JKTRJY，150	km	103380
架空绝缘导线	AC 1kV，JKYJ，240	km	148920
架空绝缘导线	AC 1kV，JKYJ，185	km	114030
架空绝缘导线	AC 1kV，JKYJ，120	km	72540
架空绝缘导线	AC 1kV，JKYJ，70	km	44470
架空绝缘导线	AC 1kV，JKYJ，35	km	21980
架空绝缘导线	AC 1kV，JKYJ，16	km	10840

续表

材料名称	型号规格	计量单位	价格（元）
架空绝缘导线	AC 1kV，JKYJ，10	km	6830
8.17 扩径导线			
扩径导线	空心	t	31450
8.18 铝包钢绞线			
铝包钢绞线	50	t	16920
铝包钢绞线	35	t	16920
8.19 铝绞线			
铝绞线	185	t	19260
铝绞线	150	t	19700
8.20 软铜绞线			
软铜绞线	150	km	140420
软铜绞线	35	km	35980
软铜绞线	16	km	16480
软铜绞线	10	km	10310
软铜绞线	6	km	5610
软铜绞线	4	km	3740

续表

材料名称	型号规格	计量单位	价格（元）
软铜绞线	2.5	km	2330
8.21　预制连接线			
预制连接线	35，9m	套	7340
预制连接线	35，7m	套	6960

第9章 电　缆

材料名称	型号规格	计量单位	价格（元）
9.1　电力电缆			
电力电缆	AC 20kV，YJV，400，3，22	km	939870
电力电缆	AC 20kV，YJV，300，3，22	km	744040
电力电缆	AC 20kV，YJV，240，3，22	km	595600
电力电缆	AC 20kV，YJV，185，3，22	km	493940
电力电缆	AC 20kV，YJV，120，3，22	km	343200
电力电缆	AC 20kV，YJV，70，3，22	km	220120
电力电缆	AC 10kV，YJLV，400，3，22	km	189610
电力电缆	AC 10kV，YJLV，300，3，22	km	177370
电力电缆	AC 10kV，YJLV，240，3，23	km	177120
电力电缆	AC 10kV，YJLV，240，3，22	km	159310
电力电缆	AC 10kV，YJLV，120，3，22	km	98670
电力电缆	AC 10kV，YJLV，70，3，22	km	75970
电力电缆	AC 10kV，YJV，800，1，22	km	598050
电力电缆	AC 10kV，YJV，630，1，无铠装	km	419560
电力电缆	AC 10kV，YJV，400，3，22	km	888120
电力电缆	AC 10kV，YJV，400，3，无铠装	km	874800

续表

材料名称	型号规格	计量单位	价格（元）
电力电缆	AC 10kV，YJV，400，1，63	km	309550
电力电缆	AC 10kV，YJV，400，1，无铠装	km	295950
电力电缆	AC 10kV，YJV，300，3，22	km	715370
电力电缆	AC 10kV，YJV，300，3，无铠装	km	654330
电力电缆	AC 10kV，YJV，240，3，22	km	569000
电力电缆	AC 10kV，YJV，240，3，无铠装	km	549640
电力电缆	AC 10kV，YJV，185，3，22	km	439630
电力电缆	AC 10kV，YJV，150，3，22	km	353770
电力电缆	AC 10kV，YJV，150，3，无铠装	km	351580
电力电缆	AC 10kV，YJV，120，3，22	km	306680
电力电缆	AC 10kV，YJV，120，3，无铠装	km	302150
电力电缆	AC 10kV，YJV，95，3，22	km	236460
电力电缆	AC 10kV，YJV，95，1，无铠装	km	73860
电力电缆	AC 10kV，YJV，70，3，22	km	195980
电力电缆	AC 10kV，YJV，70，3，无铠装	km	187040
电力电缆	AC 10kV，YJV，35，3，22	km	110060

续表

材料名称	型号规格	计量单位	价格（元）
电力电缆	AC 10kV，YJY，400，3，22	km	883160
电力电缆	AC 10kV，YJY，300，3，22	km	680640
电力电缆	AC 10kV，YJY，240，3，22	km	555600
电力电缆	AC 10kV，YJY，185，3，22	km	453150
电力电缆	AC 10kV，YJY，150，3，22	km	366210
电力电缆	AC 10kV，YJY，120，3，23	km	309680
电力电缆	AC 10kV，YJY，120，3，22	km	305210
电力电缆	AC 10kV，YJY，95，3，23	km	269290
电力电缆	AC 10kV，YJY，70，3，23	km	205450
电力电缆	AC 10kV，YJY，50，3，23	km	154810
9.2 低压电力电缆			
低压电力电缆	VLV，120，4 芯，22	km	63800
低压电力电缆	VLV，25，4 芯，22	km	15900
低压电力电缆	VLV，25，4 芯，无铠装	km	12120
低压电力电缆	VLV，25，2 芯，无铠装	km	7210
低压电力电缆	VLV，16，2 芯，22	km	7590

续表

材料名称	型号规格	计量单位	价格（元）
低压电力电缆	VLV，16，2芯，无铠装	km	5210
低压电力电缆	VLV，10，2芯，22	km	5640
低压电力电缆	VV，240，4芯，22	km	697360
低压电力电缆	VV，185，4芯，22	km	553100
低压电力电缆	VV，120，1芯，无铠装	km	82240
低压电力电缆	VV，95，4芯，22	km	269710
低压电力电缆	VV，95，2芯，22	km	135790
低压电力电缆	VV，95，1芯，无铠装	km	68010
低压电力电缆	VV，95，1芯，22	km	67650
低压电力电缆	VV，70，4芯，22	km	174580
低压电力电缆	VV，70，2芯，22	km	105560
低压电力电缆	VV，70，1芯，无铠装	km	49250
低压电力电缆	VV，50，4芯，22	km	143030
低压电力电缆	VV，50，2芯，22	km	74510
低压电力电缆	VV，50，1芯，无铠装	km	33330
低压电力电缆	VV，35，4芯，22	km	99210

续表

材料名称	型号规格	计量单位	价格（元）
低压电力电缆	VV，35，2芯，22	km	53510
低压电力电缆	VV，25，4芯，22	km	75020
低压电力电缆	VV，25，2芯，22	km	39070
低压电力电缆	VV，16，2芯，22	km	26530
低压电力电缆	VV，10，3芯，22	km	22130
低压电力电缆	VV，10，2芯，22	km	16750
低压电力电缆	VV，6，4芯，22	km	20680
低压电力电缆	VV，6，3芯，22	km	14300
低压电力电缆	VV，6，2芯，22	km	11360
低压电力电缆	VV，4，2芯，22	km	8890
低压电力电缆	YFD，240，1芯，无铠装	km	183440
低压电力电缆	YFD，120，1芯，无铠装	km	90750
低压电力电缆	YFD，70，1芯，无铠装	km	74980
低压电力电缆	YFD，50，1芯，无铠装	km	35400
低压电力电缆	YFD，35，1芯，无铠装	km	26230
低压电力电缆	YJLHV，300，4芯，无铠装	km	167300

续表

材料名称	型号规格	计量单位	价格（元）
低压电力电缆	YJLHV，240，4 芯，无铠装	km	166080
低压电力电缆	YJLHV，150，4 芯，无铠装	km	108080
低压电力电缆	YJLHV，120，4 芯，无铠装	km	89080
低压电力电缆	YJLHV，70，4 芯，无铠装	km	57620
低压电力电缆	YJLHV，50，4 芯，无铠装	km	44110
低压电力电缆	YJLV，240，4 芯，22	km	85620
低压电力电缆	YJLV，150，4 芯，22	km	59380
低压电力电缆	YJLV，150，4 芯，无铠装	km	47640
低压电力电缆	YJLV，120，4 芯，22	km	42120
低压电力电缆	YJLV，120，4 芯，无铠装	km	41870
低压电力电缆	YJLV，95，4 芯，22	km	39870
低压电力电缆	YJLV，95，4 芯，无铠装	km	34250
低压电力电缆	YJLV，70，4 芯，22	km	26370
低压电力电缆	YJLV，70，4 芯，无铠装	km	24700
低压电力电缆	YJLV，50，4 芯，22	km	21060
低压电力电缆	YJLV，50，4 芯，无铠装	km	15760

续表

材料名称	型号规格	计量单位	价格（元）
低压电力电缆	YJLV，50，2 芯，无铠装	km	10770
低压电力电缆	YJLV，35，4 芯，22	km	15560
低压电力电缆	YJLV，35，4 芯，无铠装	km	15030
低压电力电缆	YJLV，25，4 芯，22	km	12590
低压电力电缆	YJLV，25，2 芯，22	km	9220
低压电力电缆	YJLV，16，4 芯，22	km	11590
低压电力电缆	YJLV，16，4 芯，无铠装	km	10210
低压电力电缆	YJLV，16，2 芯，22	km	5750
低压电力电缆	YJLV，16，2 芯，无铠装	km	4360
低压电力电缆	YJLV，10，2 芯，22	km	5270
低压电力电缆	YJV，300，4 芯，22	km	984080
低压电力电缆	YJV，300，1 芯，无铠装	km	205070
低压电力电缆	YJV，240，4 芯，22	km	676690
低压电力电缆	YJV，240，4 芯，无铠装	km	664750
低压电力电缆	YJV，240，1 芯，无铠装	km	172950
低压电力电缆	YJV，185，4 芯，22	km	520150

续表

材料名称	型号规格	计量单位	价格（元）
低压电力电缆	YJV，185，4 芯，无铠装	km	511660
低压电力电缆	YJV，185，2 芯，22	km	247870
低压电力电缆	YJV，185，1 芯，22	km	137090
低压电力电缆	YJV，185，1 芯，无铠装	km	119580
低压电力电缆	YJV，150，4 芯，22	km	404390
低压电力电缆	YJV，150，4 芯，无铠装	km	398000
低压电力电缆	YJV，150，1 芯，22	km	106380
低压电力电缆	YJV，150，1 芯，无铠装	km	100600
低压电力电缆	YJV，120，4 芯，22	km	336990
低压电力电缆	YJV，120，4 芯，无铠装	km	321030
低压电力电缆	YJV，120，2 芯，无铠装	km	157830
低压电力电缆	YJV，120，1 芯，无铠装	km	84920
低压电力电缆	YJV，95，4 芯，22	km	232880
低压电力电缆	YJV，95，4 芯，无铠装	km	223210
低压电力电缆	YJV，95，2 芯，22	km	127860
低压电力电缆	YJV，95，1 芯，22	km	61470

续表

材料名称	型号规格	计量单位	价格（元）
低压电力电缆	YJV，95，1芯，无铠装	km	61450
低压电力电缆	YJV，70，4芯，22	km	195460
低压电力电缆	YJV，70，4芯，无铠装	km	191850
低压电力电缆	YJV，70，2芯，22	km	94940
低压电力电缆	YJV，50，4芯，22	km	113440
低压电力电缆	YJV，50，4芯，无铠装	km	112110
低压电力电缆	YJV，50，2芯，22	km	71310
低压电力电缆	YJV，50，2芯，无铠装	km	67660
低压电力电缆	YJV，50，1芯，22	km	35140
低压电力电缆	YJV，50，1芯，无铠装	km	33930
低压电力电缆	YJV，35，4芯，22	km	101430
低压电力电缆	YJV，35，4芯，无铠装	km	98860
低压电力电缆	YJV，35，2芯，22	km	55680
低压电力电缆	YJV，35，2芯，无铠装	km	52960
低压电力电缆	YJV，25，4芯，22	km	63520
低压电力电缆	YJV，25，2芯，22	km	43400

续表

材料名称	型号规格	计量单位	价格（元）
低压电力电缆	YJV，16，4 芯，22	km	47680
低压电力电缆	YJV，16，4 芯，无铠装	km	45880
低压电力电缆	YJV，16，3 芯，22	km	36240
低压电力电缆	YJV，16，2 芯，22	km	27470
低压电力电缆	YJV，16，2 芯，无铠装	km	23410
低压电力电缆	YJV，10，4 芯，22	km	31230
低压电力电缆	YJV，10，3 芯，22	km	23700
低压电力电缆	YJV，10，2 芯，22	km	16120
低压电力电缆	YJV，6，4 芯，22	km	23000
低压电力电缆	YJV，6，3 芯，22	km	15460
低压电力电缆	YJV，6，2 芯，22	km	11000
低压电力电缆	YJV，4，4 芯，22	km	14520
低压电力电缆	YJV，4，2 芯，22	km	9160
低压电力电缆	YJY，300，4 芯，23	km	797770
低压电力电缆	YJY，240，4 芯，22	km	624460
低压电力电缆	YJY，240，4 芯，无铠装	km	620360

续表

材料名称	型号规格	计量单位	价格（元）
低压电力电缆	YJY，240，1芯，23	km	184210
低压电力电缆	YJY，185，4芯，22	km	523160
低压电力电缆	YJY，185，4芯，无铠装	km	493560
低压电力电缆	YJY，185，1芯，23	km	124970
低压电力电缆	YJY，150，4芯，22	km	409150
低压电力电缆	YJY，150，4芯，无铠装	km	389270
低压电力电缆	YJY，120，4芯，22	km	318480
低压电力电缆	YJY，120，4芯，无铠装	km	321480
低压电力电缆	YJY，120，1芯，23	km	93280
低压电力电缆	YJY，95，4芯，22	km	253970
低压电力电缆	YJY，95，4芯，无铠装	km	251270
低压电力电缆	YJY，95，2芯，23	km	154730
低压电力电缆	YJY，95，1芯，23	km	75340
低压电力电缆	YJY，70，4芯，22	km	181570
低压电力电缆	YJY，70，4芯，无铠装	km	171750
低压电力电缆	YJY，70，2芯，23	km	102210

续表

材料名称	型号规格	计量单位	价格（元）
低压电力电缆	YJY，50，4 芯，22	km	140590
低压电力电缆	YJY，50，4 芯，无铠装	km	112390
低压电力电缆	YJY，50，2 芯，23	km	77970
低压电力电缆	YJY，50，2 芯，无铠装	km	61800
低压电力电缆	YJY，35，4 芯，22	km	96770
低压电力电缆	YJY，35，4 芯，无铠装	km	82040
低压电力电缆	YJY，35，2 芯，23	km	54840
低压电力电缆	YJY，35，2 芯，无铠装	km	47670
低压电力电缆	YJY，16，4 芯，23	km	52260
低压电力电缆	YJY，16，4 芯，无铠装	km	46190
低压电力电缆	YJY，16，2 芯，23	km	29960
低压电力电缆	YJY，16，2 芯，无铠装	km	20620
低压电力电缆	YJY，10，4 芯，23	km	34610
低压电力电缆	YJY，10，3 芯，23	km	30050
低压电力电缆	YJY，10，2 芯，23	km	19780
低压电力电缆	YJY，10，2 芯，22	km	17750

续表

材料名称	型号规格	计量单位	价格（元）
低压电力电缆	YJY，6，5芯，23	km	29820
低压电力电缆	YJY，6，4芯，23	km	22880
低压电力电缆	YJY，6，3芯，23	km	21770
低压电力电缆	YJY，6，3芯，22	km	14450
低压电力电缆	YJY，6，2芯，23	km	13440
低压电力电缆	YJY，4，5芯，23	km	19580
低压电力电缆	YJY，4，4芯，23	km	14190
低压电力电缆	YJY，4，3芯，23	km	12490
低压电力电缆	YJY，4，2芯，23	km	10330
9.3 控制电缆			
控制电缆	KVVP2，10	m	40.29
控制电缆	KVVP2，6	m	35.58
控制电缆	KVVP2，4	m	30.88
控制电缆	KVVP2，2.5	m	26.43
控制电缆	KVVP2，1.5	m	15.48
控制电缆	KYJYP2，6	m	30.19

续表

材料名称	型号规格	计量单位	价格（元）
控制电缆	KYJYP2，4	m	24.68
控制电缆	KYJYP2，2.5	m	19.47
控制电缆	KYJYP2，1.5	m	14.14
9.4　20kV 及以下电缆终端			
20kV 及以下电缆终端	AC 20kV，$400mm^2$，3 芯	套	926
20kV 及以下电缆终端	AC 20kV，$300mm^2$，3 芯	套	589
20kV 及以下电缆终端	AC 20kV，$240mm^2$，3 芯	套	506
20kV 及以下电缆终端	AC 20kV，$185mm^2$，3 芯	套	447
20kV 及以下电缆终端	AC 20kV，$120mm^2$，3 芯	套	397
20kV 及以下电缆终端	AC 20kV，$70mm^2$，3 芯	套	347
20kV 及以下电缆终端	AC 10kV，$800mm^2$，1 芯	套	572
20kV 及以下电缆终端	AC 10kV，$630mm^2$，1 芯	套	278
20kV 及以下电缆终端	AC 10kV，$400mm^2$，3 芯	套	531
20kV 及以下电缆终端	AC 10kV，$400mm^2$，1 芯	套	155
20kV 及以下电缆终端	AC 10kV，$300mm^2$，3 芯	套	504
20kV 及以下电缆终端	AC 10kV，$240mm^2$，3 芯	套	418

续表

材料名称	型号规格	计量单位	价格（元）
20kV 及以下电缆终端	AC 10kV，240mm²，1 芯	套	144
20kV 及以下电缆终端	AC 10kV，185mm²，3 芯	套	393
20kV 及以下电缆终端	AC 10kV，150mm²，3 芯	套	355
20kV 及以下电缆终端	AC 10kV，120mm²，3 芯	套	345
20kV 及以下电缆终端	AC 10kV，120mm²，1 芯	套	112
20kV 及以下电缆终端	AC 10kV，95mm²，3 芯	套	344
20kV 及以下电缆终端	AC 10kV，70mm²，3 芯	套	331
20kV 及以下电缆终端	AC 10kV，70mm²，1 芯	套	110
20kV 及以下电缆终端	AC 10kV，50mm²，3 芯	套	280
20kV 及以下电缆终端	AC 10kV，35mm²，3 芯	套	254
20kV 及以下电缆终端	AC 1kV，300mm²，1 芯	套	48
20kV 及以下电缆终端	AC 1kV，240/50mm²，3 芯	套	119
20kV 及以下电缆终端	AC 1kV，240/35mm²，3 芯	套	118
20kV 及以下电缆终端	AC 1kV，240mm²，4 芯	套	147
20kV 及以下电缆终端	AC 1kV，240mm²，1 芯	套	42
20kV 及以下电缆终端	AC 1kV，185/50mm²，3 芯	套	110

续表

材料名称	型号规格	计量单位	价格（元）
20kV 及以下电缆终端	AC 1kV，185/35mm^2，3 芯	套	110
20kV 及以下电缆终端	AC 1kV，185mm^2，4 芯	套	134
20kV 及以下电缆终端	AC 1kV，185mm^2，1 芯	套	41
20kV 及以下电缆终端	AC 1kV，150/50mm^2，3 芯	套	106
20kV 及以下电缆终端	AC 1kV，150/35mm^2，3 芯	套	105
20kV 及以下电缆终端	AC 1kV，150mm^2，4 芯	套	111
20kV 及以下电缆终端	AC 1kV，150mm^2，1 芯	套	35
20kV 及以下电缆终端	AC 1kV，120/50mm^2，3 芯	套	86
20kV 及以下电缆终端	AC 1kV，120/35mm^2，3 芯	套	85
20kV 及以下电缆终端	AC 1kV，120mm^2，4 芯	套	109
20kV 及以下电缆终端	AC 1kV，95/50mm^2，3 芯	套	82
20kV 及以下电缆终端	AC 1kV，95/35mm^2，3 芯	套	82
20kV 及以下电缆终端	AC 1kV，95mm^2，4 芯	套	105
20kV 及以下电缆终端	AC 1kV，70/50mm^2，3 芯	套	75
20kV 及以下电缆终端	AC 1kV，70/35mm^2，3 芯	套	75
20kV 及以下电缆终端	AC 1kV，70mm^2，4 芯	套	80

续表

材料名称	型号规格	计量单位	价格（元）
20kV 及以下电缆终端	AC 1kV，50mm^2，4 芯	套	75
20kV 及以下电缆终端	AC 1kV，50mm^2，2 芯	套	70
20kV 及以下电缆终端	AC 1kV，35mm^2，4 芯	套	68
20kV 及以下电缆终端	AC 1kV，35mm^2，2 芯	套	64
20kV 及以下电缆终端	AC 1kV，25mm^2，4 芯	套	64
20kV 及以下电缆终端	AC 1kV，16mm^2，4 芯	套	64
20kV 及以下电缆终端	AC 1kV，16mm^2，2 芯	套	62
9.5　20kV 及以下电缆中间接头			
20kV 及以下电缆中间接头	AC 20kV，400mm^2，3 芯	套	1864
20kV 及以下电缆中间接头	AC 20kV，300mm^2，3 芯	套	1830
20kV 及以下电缆中间接头	AC 20kV，240mm^2，3 芯	套	1470
20kV 及以下电缆中间接头	AC 20kV，120mm^2，3 芯	套	1258
20kV 及以下电缆中间接头	AC 20kV，70mm^2，3 芯	套	1014
20kV 及以下电缆中间接头	AC 10kV，400mm^2，3 芯	套	1331
20kV 及以下电缆中间接头	AC 10kV，400mm^2，1 芯	套	412
20kV 及以下电缆中间接头	AC 10kV，300mm^2，3 芯	套	1294

续表

材料名称	型号规格	计量单位	价格（元）
20kV 及以下电缆中间接头	AC 10kV，240mm^2，3 芯	套	1197
20kV 及以下电缆中间接头	AC 10kV，185mm^2，3 芯	套	1265
20kV 及以下电缆中间接头	AC 10kV，150mm^2，3 芯	套	1432
20kV 及以下电缆中间接头	AC 10kV，120mm^2，3 芯	套	1067
20kV 及以下电缆中间接头	AC 10kV，95mm^2，3 芯	套	1024
20kV 及以下电缆中间接头	AC 10kV，70mm^2，3 芯	套	1009
20kV 及以下电缆中间接头	AC 1kV，240mm^2，4 芯	套	211
20kV 及以下电缆中间接头	AC 1kV，150mm^2，4 芯	套	172
20kV 及以下电缆中间接头	AC 1kV，95mm^2，4 芯	套	161
20kV 及以下电缆中间接头	AC 1kV，50mm^2，4 芯	套	130
9.6 电缆接线端子			
电缆接线端子	铜铝过渡，400mm^2	只	35.32
电缆接线端子	铜铝过渡，300mm^2	只	34.08
电缆接线端子	铜铝过渡，240mm^2	只	18.24
电缆接线端子	铜铝过渡，185mm^2	只	15.21
电缆接线端子	铜铝过渡，150mm^2	只	13.42

续表

材料名称	型号规格	计量单位	价格（元）
电缆接线端子	铜铝过渡，120mm^2	只	9.36
电缆接线端子	铜铝过渡，95mm^2	只	5.32
电缆接线端子	铜铝过渡，70mm^2	只	4.64
电缆接线端子	铜铝过渡，50mm^2	只	2.93
电缆接线端子	铜铝过渡，35mm^2	只	2.10
电缆接线端子	铜铝过渡，25mm^2	只	1.90
电缆接线端子	铜铝过渡，16mm^2	只	1.46
电缆接线端子	铜，400mm^2	只	63.05
电缆接线端子	铜，300mm^2	只	52.38
电缆接线端子	铜，240mm^2	只	35.22
电缆接线端子	铜，185mm^2	只	25.92
电缆接线端子	铜，150mm^2	只	18.65
电缆接线端子	铜，120mm^2	只	11.75
电缆接线端子	铜，95mm^2	只	7.57
电缆接线端子	铜，70mm^2	只	6.19
电缆接线端子	铜，50mm^2	只	4.54

续表

材料名称	型号规格	计量单位	价格（元）
电缆接线端子	铜，$35mm^2$	只	2.95
电缆接线端子	铜，$25mm^2$	只	2.86
电缆接线端子	铜，$16mm^2$	只	2.65
电缆接线端子	铜，$10mm^2$	只	1.77
电缆接线端子	铝，$400mm^2$	只	9.69
电缆接线端子	铝，$300mm^2$	只	7.06
电缆接线端子	铝，$240mm^2$	只	6.22
电缆接线端子	铝，$185mm^2$	只	4.56
电缆接线端子	铝，$150mm^2$	只	3.54
电缆接线端子	铝，$120mm^2$	只	2.58
电缆接线端子	铝，$70mm^2$	只	1.77
电缆接线端子	铝，$50mm^2$	只	1.15
电缆接线端子	铝，$35mm^2$	只	0.88
电缆接线端子	铝，$25mm^2$	只	0.61
9.7 电缆挂钩			
电缆挂钩	65号	只	1.98

第10章 绝缘材料

材料名称	型号规格	计量单位	价格（元）
10.1　交流穿墙套管			
交流穿墙套管	4000A，铜	只	3803
交流穿墙套管	3150A，铜	只	2964
交流穿墙套管	3150A，铝	只	970
交流穿墙套管	2500A，铜	只	2905
交流穿墙套管	2000A，铜	只	2560
交流穿墙套管	1600A，铜	只	2029
交流穿墙套管	1250A，铜	只	1884
交流穿墙套管	1250A，铝	只	719
交流穿墙套管	800A，铜	只	1039
交流穿墙套管	630A，铜	只	596
交流穿墙套管	630A，铝	只	488
10.2　瓷拉棒绝缘子			
瓷拉棒绝缘子	SL-15/40	只	45
10.3　蝶式绝缘子			
蝶式绝缘子	ED-4	只	5.51
蝶式绝缘子	ED-3	只	5.81

续表

材料名称	型号规格	计量单位	价格（元）
蝶式绝缘子	ED-2	只	6.11
蝶式绝缘子	ED-1	只	6.64
10.4　交流棒形悬式复合绝缘子			
交流棒形悬式复合绝缘子	FXBW-10/70，390，490	支	65.33
交流棒形悬式复合绝缘子	FXBW-10/70-G，367，360	支	66.47
交流棒形悬式复合绝缘子	FXBW-10/70，310，350	支	58.50
交流棒形悬式复合绝缘子	FXBW-35/70-2，670，1015	支	102.45
交流棒形悬式复合绝缘子	FXBW-66/70-2，940，1920	支	197.70
10.5　交流盘形悬式瓷绝缘子			
交流盘形悬式瓷绝缘子	U300BP/195D，330，480	片	183.23
交流盘形悬式瓷绝缘子	U160BP/155D，300，450	片	109.95
交流盘形悬式瓷绝缘子	U120BP/146D，280，450	片	75.00
交流盘形悬式瓷绝缘子	U40C/140，190，200	片	44.30
交流盘形悬式瓷绝缘子	U70B/146，255，320	片	41.78
交流盘形悬式瓷绝缘子	U70BP/146D，280，450	片	58.41
交流盘形悬式瓷绝缘子	U70BP/146M，350，300	片	71.14

续表

材料名称	型号规格	计量单位	价格（元）
交流盘形悬式瓷绝缘子	U70C/146，255，320	片	54.19
10.6　拉紧绝缘子			
拉紧绝缘子	J-90	只	32.48
拉紧绝缘子	J-45	只	32.48
拉紧绝缘子	JH-120	只	33.89
拉紧绝缘子	JH-90	只	33.57
拉紧绝缘子	JH-70	只	32.24
拉紧绝缘子	JH-45	只	31.94
拉紧绝缘子	JH10-120	只	46.71
拉紧绝缘子	JH10-90	只	44.91
10.7　线路柱式复合绝缘子			
线路柱式复合绝缘子	FPQ-10/5，285，450	支	69.09
线路柱式复合绝缘子	FZS-10/5，252，400	支	47.01
10.8　绝缘涂料			
绝缘涂料	PRTV	kg	83.08

续表

材料名称	型号规格	计量单位	价格（元）
10.9 绝缘套管			
绝缘套管	AC 10kV	m	108.90
绝缘套管	AC 1kV	m	60.62

第11章 金具

材料名称	型号规格	计量单位	价格（元）
11.1　T 型线夹-T 型线夹			
T 型线夹-T 型线夹	TJL-4. 2	副	24. 88
T 型线夹-T 型线夹	TJL-3. 3	副	24. 88
T 型线夹-T 型线夹	TL-400	副	98. 09
T 型线夹-T 型线夹	TL-300	副	80. 57
T 型线夹-T 型线夹	TL-240	副	47. 91
T 型线夹-T 型线夹	TL-185	副	43. 02
T 型线夹-T 型线夹	TL-120	副	21. 51
T 型线夹-T 型线夹	TL-55	副	36. 71
T 型线夹-T 型线夹	TL-54	副	35. 41
T 型线夹-T 型线夹	TL-45	副	31. 31
T 型线夹-T 型线夹	TL-44	副	29. 45
T 型线夹-T 型线夹	TL-43	副	29. 45
T 型线夹-T 型线夹	TL-42	副	29. 45
T 型线夹-T 型线夹	TL-41	副	28. 57
T 型线夹-T 型线夹	TL-33	副	24. 11
T 型线夹-T 型线夹	TL-32	副	20. 96

续表

材料名称	型号规格	计量单位	价格（元）
T 型线夹-T 型线夹	TL-31	副	19.93
T 型线夹-T 型线夹	TL-21	副	16.38
T 型线夹-T 型线夹	TLL-400	副	98.17
T 型线夹-T 型线夹	TLL-300	副	70.68
T 型线夹-T 型线夹	TLL-240	副	47.91
T 型线夹-T 型线夹	TLS-1440N/200	副	660.77
T 型线夹-T 型线夹	TLS-400/200	副	166.26
T 型线夹-T 型线夹	TLS-300/200	副	113.56
T 型线夹-T 型线夹	TLY-630/630	副	232.88
T 型线夹-T 型线夹	TLY-500/35	副	213.69
T 型线夹-T 型线夹	TLY-400/400	副	154.11
T 型线夹-T 型线夹	TY-500/45	副	77.79
T 型线夹-T 型线夹	TY-500/35	副	71.03
T 型线夹-T 型线夹	TY-400/50	副	68.15
T 型线夹-T 型线夹	TY-400/35	副	62.89
T 型线夹-T 型线夹	TY-300/35	副	54.42

续表

材料名称	型号规格	计量单位	价格（元）
T 型线夹-T 型线夹	TY-300/25	副	51.53
T 型线夹-T 型线夹	TY-240/30	副	40.38
T 型线夹-T 型线夹	TY-185/25	副	30.87
T 型线夹-T 型线夹	TY-150/20	副	27.54
T 型线夹-T 型线夹	TY-95/20	副	21.07
T 型线夹-T 型线夹	TY2-400	副	34.81
T 型线夹-T 型线夹	TY2-300	副	33.23
T 型线夹-T 型线夹	TY2-240	副	25.32
11.2 T 型线夹-双导线 T 型线夹			
T 型线夹-双导线 T 型线夹	TYS-2×240/120	副	107.08
11.3 保护金具-防振锤			
保护金具-防振锤	FDT-4/6A	副	103.28
保护金具-防振锤	FDYJ-2/4	副	89.84
保护金具-防振锤	FDZ-4	副	69.42
保护金具-防振锤	FDZ-3	副	61.17
保护金具-防振锤	FDZ-2	副	36.78

续表

材料名称	型号规格	计量单位	价格（元）
保护金具-防振锤	FDZ-1	副	33.71
保护金具-防振锤	FRY-2	副	44.79
保护金具-防振锤	FRY-3/5	副	68.85
保护金具-防振锤	FRYJ-4/5	副	100.52
保护金具-防振锤	FRYJ-4/6	副	132.01
11.4　保护金具-间隔棒			
保护金具-间隔棒	FJG-220/22	支	48.98
保护金具-间隔棒	TJ2-120-34/25	支	55.98
保护金具-间隔棒	TJ2-120-37/25	支	55.98
11.5　保护金具-均压屏蔽环			
保护金具-均压屏蔽环	FJP-500NL1	副	328.74
保护金具-均压屏蔽环	FJP-500NL2	副	342.13
保护金具-均压屏蔽环	J-500X2	副	295.87
保护金具-均压屏蔽环	J-500X	副	252.03
保护金具-均压屏蔽环	JP2-500N	副	355.70
保护金具-均压屏蔽环	P-500X	副	449.28

续表

材料名称	型号规格	计量单位	价格（元）
11.6　保护金具-预绞丝护线条			
保护金具-预绞丝护线条	FYH-500/45	副	172.35
保护金具-预绞丝护线条	FYH-400/35	副	133.86
保护金具-预绞丝护线条	FYH-300/40	副	112.07
保护金具-预绞丝护线条	FYH-240/30	副	82.95
保护金具-预绞丝护线条	FYH-150/25	副	54.03
保护金具-预绞丝护线条	FYH-95/20	副	36.39
11.7　保护金具-重锤片			
保护金具-重锤片	FZC-15Y	片	89.32
保护金具-重锤片	FZC-20	片	196.60
保护金具-重锤片	ZC-18G	片	58.70
保护金具-重锤片	ZC-40	片	67.89
保护金具-重锤片	ZC-22	片	63.13
保护金具-重锤片	ZC-20	片	58.70
保护金具-重锤片	ZC-18	片	46.61
保护金具-重锤片	ZCQ-22	片	81.61

续表

材料名称	型号规格	计量单位	价格（元）
保护金具-重锤片	ZD-20	片	40.00
11.8　防振装置-阻尼线线夹			
防振装置-阻尼线线夹	FZ-58/40	支	140.02
11.9　放电间隙			
放电间隙	AC 10kV	套	45.88
11.10　接触金具-四变二线夹			
接触金具-四变二线夹	JR-2/4-2	副	44.48
接触金具-四变二线夹	JR-2/4-3	副	72.92
接触金具-四变二线夹	JR-2/4-4	副	154.05
接触金具-四变二线夹	JT-2/4-32	副	200.96
11.11　接续金具-并沟线夹			
接续金具-并沟线夹	JB-7	副	45.74
接续金具-并沟线夹	JB-6	副	35.52
接续金具-并沟线夹	JB-5	副	19.82
接续金具-并沟线夹	JB-4	副	16.64
接续金具-并沟线夹	JB-3	副	12.30

续表

材料名称	型号规格	计量单位	价格（元）
接续金具-并沟线夹	JB-2	副	8.61
接续金具-并沟线夹	JB-1	副	3.61
接续金具-并沟线夹	JBB-3	副	18.72
接续金具-并沟线夹	JBB-2	副	7.60
接续金具-并沟线夹	JBB-1	副	6.11
11.12　接续金具-H 型液压线夹			
接续金具-H 型液压线夹	JH-6	副	14.15
接续金具-H 型液压线夹	JH-5	副	11.36
接续金具-H 型液压线夹	JH-4	副	10.60
接续金具-H 型液压线夹	JH-3	副	6.35
接续金具-H 型液压线夹	JH-2	副	6.86
接续金具-H 型液压线夹	JH-1	副	6.35
11.13　接续金具-J 型线夹			
接续金具-J 型线夹	JJ-3	副	28.85
接续金具-J 型线夹	JJ-2	副	28.85
接续金具-J 型线夹	JJ-1	副	33.63

续表

材料名称	型号规格	计量单位	价格（元）
11.14　接续金具-补修管			
接续金具-补修管	JX-240	副	18.67
接续金具-补修管	JX-100	副	18.67
接续金具-补修管	JX-80	副	15.86
11.15　接续金具-地线接续管			
接续金具-地线接续管	JY-100BG-20	副	74.21
接续金具-地线接续管	JY-80BG-20	副	45.51
11.16　接续金具-钢芯钢铝绞线接续管			
接续金具-钢芯钢铝绞线接续管	JT-50/8	副	6.87
接续金具-钢芯钢铝绞线接续管	JT-70/10	副	10.10
接续金具-钢芯钢铝绞线接续管	JT-95/15	副	16.52
接续金具-钢芯钢铝绞线接续管	JT-120/20	副	25.63
接续金具-钢芯钢铝绞线接续管	JT-150/20	副	26.49
接续金具-钢芯钢铝绞线接续管	JT-150/25	副	28.62
接续金具-钢芯钢铝绞线接续管	JT-240/30	副	30.77
接续金具-钢芯钢铝绞线接续管	JY-70/10	副	23.07

续表

材料名称	型号规格	计量单位	价格（元）
接续金具-钢芯钢铝绞线接续管	JY-95/15	副	22.24
接续金具-钢芯钢铝绞线接续管	JY-120/20	副	34.38
接续金具-钢芯钢铝绞线接续管	JY-150/20	副	36.40
接续金具-钢芯钢铝绞线接续管	JY-150/25	副	38.28
接续金具-钢芯钢铝绞线接续管	JY-180/30	副	40.46
接续金具-钢芯钢铝绞线接续管	JY-185/25	副	46.03
接续金具-钢芯钢铝绞线接续管	JY-240/30	副	48.79
接续金具-钢芯钢铝绞线接续管	JY-300/50	副	73.25
接续金具-钢芯钢铝绞线接续管	JY-500/35	副	105.88
接续金具-钢芯钢铝绞线接续管	JYD-185/30	副	28.85
接续金具-钢芯钢铝绞线接续管	JYD-240/30	副	38.28
接续金具-钢芯钢铝绞线接续管	JYD-300/40	副	43.26
接续金具-钢芯钢铝绞线接续管	JYD-400/35	副	57.91
接续金具-钢芯钢铝绞线接续管	JYD-500/45	副	93.17
接续金具-钢芯钢铝绞线接续管	JYD-630/55	副	144.00
接续金具-钢芯钢铝绞线接续管	JYD-720/50	副	155.30

续表

材料名称	型号规格	计量单位	价格（元）
11.17　接续金具-铝合金导线接续管			
接续金具-铝合金导线接续管	JY-70H	副	56.01
11.18　接续金具-接地线夹			
接续金具-接地线夹	JDH-50-240	副	14.78
接续金具-接地线夹	JDL-25-120	副	19.71
接续金具-接地线夹	JDL-50-240	副	21.95
11.19　接续金具-绝缘穿刺线夹			
接续金具-绝缘穿刺线夹	JBC10-5	副	54.77
接续金具-绝缘穿刺线夹	JBC10-6	副	37.46
11.20　接续金具-绝缘穿刺接地线夹			
接续金具-绝缘穿刺接地线夹	$240mm^2$	副	19.19
接续金具-绝缘穿刺接地线夹	$185mm^2$	副	18.16
接续金具-绝缘穿刺接地线夹	$150mm^2$	副	15.10
接续金具-绝缘穿刺接地线夹	$120mm^2$	副	14.17
接续金具-绝缘穿刺接地线夹	$95mm^2$	副	13.75
接续金具-绝缘穿刺接地线夹	$70mm^2$	副	13.71

续表

材料名称	型号规格	计量单位	价格（元）
接续金具-绝缘穿刺接地线夹	50mm^2	副	12.65
接续金具-绝缘穿刺接地线夹	35mm^2	副	9.01
11.21　接续金具-楔型并沟线夹			
接续金具-楔型并沟线夹	JXD-10	副	19.07
接续金具-楔型并沟线夹	JXD-6	副	15.68
接续金具-楔型并沟线夹	JXD-3	副	15.16
接续金具-楔型并沟线夹	JXD-1	副	10.90
11.22　接续金具-铜绞线 C 型线夹			
接续金具-铜绞线 C 型线夹	JC-72	副	350.41
接续金具-铜绞线 C 型线夹	JC-71	副	318.03
接续金具-铜绞线 C 型线夹	JC-52	副	261.18
接续金具-铜绞线 C 型线夹	JC-46	副	157.05
接续金具-铜绞线 C 型线夹	JC-45	副	127.60
接续金具-铜绞线 C 型线夹	JC-44	副	116.81
接续金具-铜绞线 C 型线夹	JC-43	副	116.81
接续金具-铜绞线 C 型线夹	JC-42	副	108.95

续表

材料名称	型号规格	计量单位	价格（元）
接续金具-铜绞线 C 型线夹	JC-41	副	108.95
接续金具-铜绞线 C 型线夹	JC-6	副	68.76
接续金具-铜绞线 C 型线夹	JC-5	副	52.24
接续金具-铜绞线 C 型线夹	JC-4	副	34.48
接续金具-铜绞线 C 型线夹	JC-3	副	29.04
接续金具-铜绞线 C 型线夹	JC-2	副	24.50
接续金具-铜绞线 C 型线夹	JC-1	副	16.70
11.23　接续金具-异型并沟线夹			
接续金具-异型并沟线夹	JBL-16-120	副	3.74
接续金具-异型并沟线夹	JBL-16-120/3	副	7.48
接续金具-异型并沟线夹	JBL-50-240	副	5.53
接续金具-异型并沟线夹	JBL-50-240/3	副	11.22
接续金具-异型并沟线夹	JBTL-16-120	副	14.71
接续金具-异型并沟线夹	JBTL-50-240	副	20.40
接续金具-异型并沟线夹	LH31	副	7.02
接续金具-异型并沟线夹	LH22	副	5.78

续表

材料名称	型号规格	计量单位	价格（元）
接续金具-异型并沟线夹	LH21	副	5.47
11.24　接续金具-跳线线夹			
接续金具-跳线线夹	JYT-150/20	副	12.11
接续金具-跳线线夹	JYT-240/30	副	17.58
11.25　拉线金具-UT 型线夹			
拉线金具-UT 型线夹	FNUT-2	副	49.35
拉线金具-UT 型线夹	NU-3	副	39.32
拉线金具-UT 型线夹	NU-2	副	24.57
拉线金具-UT 型线夹	NU-1	副	15.74
拉线金具-UT 型线夹	NUT-4	副	64.01
拉线金具-UT 型线夹	NUT-3	副	47.25
拉线金具-UT 型线夹	NUT-2	副	29.37
拉线金具-UT 型线夹	NUT-1	副	17.35
拉线金具-UT 型线夹	UT-2	副	27.42
11.26　拉线金具-U 型挂环			
拉线金具-U 型挂环	UL-30	副	42.67

续表

材料名称	型号规格	计量单位	价格（元）
拉线金具-U 型挂环	UL-25	副	36.01
拉线金具-U 型挂环	UL-20	副	31.52
拉线金具-U 型挂环	UL-16	副	28.99
拉线金具-U 型挂环	UL-12	副	26.04
拉线金具-U 型挂环	UL-10	副	18.62
拉线金具-U 型挂环	UL-9	副	17.43
拉线金具-U 型挂环	UL-7	副	10.14
拉线金具-U 型挂环	UL-6	副	8.60
11.27 拉线金具-锲型线夹			
拉线金具-锲型线夹	NX-4	副	38.56
拉线金具-锲型线夹	NX-3	副	35.00
拉线金具-锲型线夹	NX-2	副	20.30
拉线金具-锲型线夹	NX-1	副	10.35
11.28 拉线金具-钢线卡子			
拉线金具-钢线卡子	JK-3	只	12.65
拉线金具-钢线卡子	JK-2	只	8.88

续表

材料名称	型号规格	计量单位	价格（元）
拉线金具-钢线卡子	JK-1	只	5.15
11.29 拉线金具-牵引线夹			
拉线金具-牵引线夹	QY-7	副	16.42
拉线金具-牵引线夹	QY-10	副	16.42
拉线金具-牵引线夹	QY-12	副	25.99
拉线金具-牵引线夹	QY-16	副	36.93
拉线金具-牵引线夹	QY-25	副	79.34
11.30 联结金具-联板			
联结金具-联板	L-3045	块	193.53
联结金具-联板	L-2545	块	142.44
联结金具-联板	L-2045	块	97.36
联结金具-联板	L-2040	块	74.56
联结金具-联板	L-1640	块	66.76
联结金具-联板	L-1245	块	61.89
联结金具-联板	L-1240	块	60.46
联结金具-联板	L-1040	块	59.86

续表

材料名称	型号规格	计量单位	价格（元）
联结金具-联板	LF-4050	块	460.36
联结金具-联板	LF-2145	块	110.28
联结金具-联板	LF-2140	块	78.99
联结金具-联板	LJ-1240	块	77.48
联结金具-联板	LJ-1040	块	72.49
联结金具-联板	LK-2145	块	264.41
联结金具-联板	LK-1645	块	237.83
联结金具-联板	LS-1212	块	22.98
联结金具-联板	LV-4250	块	38.83
联结金具-联板	LV-3018	块	29.21
联结金具-联板	LV-2115	块	25.06
联结金具-联板	LV-2040	块	21.17
联结金具-联板	LV-2015	块	20.06
联结金具-联板	LV-1214	块	18.19
联结金具-联板	LV-1020	块	14.27
联结金具-联板	LV-1240	块	12.17

续表

材料名称	型号规格	计量单位	价格（元）
联结金具-联板	LV-1040	块	11.74
联结金具-联板	LX-2145	块	291.76
联结金具-联板	LX-1645	块	280.81
11.31　联结金具-平行挂板			
联结金具-平行挂板	P-50	只	130.11
联结金具-平行挂板	P-30	只	78.78
联结金具-平行挂板	P-25	只	71.57
联结金具-平行挂板	P-21	只	61.15
联结金具-平行挂板	P-16	只	44.31
联结金具-平行挂板	P-12	只	32.00
联结金具-平行挂板	P-10	只	10.36
联结金具-平行挂板	P-7	只	7.25
联结金具-平行挂板	PD-16	只	20.30
联结金具-平行挂板	PD-12	只	10.71
联结金具-平行挂板	PD-10	只	10.15
联结金具-平行挂板	PD-7	只	4.51

续表

材料名称	型号规格	计量单位	价格（元）
联结金具-平行挂板	PD-6	只	4.14
联结金具-平行挂板	PS-16	只	50.18
联结金具-平行挂板	PS-12	只	40.95
联结金具-平行挂板	PS-10	只	18.62
联结金具-平行挂板	PS-7	只	8.90
联结金具-平行挂板	PT-25	只	92.02
联结金具-平行挂板	PT-16	只	67.29
联结金具-平行挂板	PT-12	只	46.40
联结金具-平行挂板	PT-10	只	42.02
联结金具-平行挂板	PT-7	只	27.14
11.32 联结金具-U 型挂环			
联结金具-U 型挂环	U-1695	只	7.81
联结金具-U 型挂环	U-1870	只	7.81
联结金具-U 型挂环	U-1880	只	8.67
联结金具-U 型挂环	U-2080	只	9.54
联结金具-U 型挂环	U-50	只	103.97

续表

材料名称	型号规格	计量单位	价格（元）
联结金具-U 型挂环	U-40	只	91.30
联结金具-U 型挂环	U-32	只	75.03
联结金具-U 型挂环	U-30	只	55.72
联结金具-U 型挂环	U-25	只	48.06
联结金具-U 型挂环	U-21	只	44.46
联结金具-U 型挂环	U-20	只	39.45
联结金具-U 型挂环	U-16	只	23.72
联结金具-U 型挂环	U-12	只	19.53
联结金具-U 型挂环	U-10	只	9.49
联结金具-U 型挂环	U-9	只	8.82
联结金具-U 型挂环	U-7	只	5.78
联结金具-U 型挂环	U-6	只	5.18
联结金具-U 型挂环	U1-12	只	15.91
联结金具-U 型挂环	U1-20	只	28.17
联结金具-U 型挂环	U1-30	只	65.57
联结金具-U 型挂环	UB-21	只	62.16

续表

材料名称	型号规格	计量单位	价格（元）
联结金具-U 型挂环	UB-16	只	42.67
联结金具-U 型挂环	UB-12	只	33.85
联结金具-U 型挂环	UB-10	只	24.62
联结金具-U 型挂环	UB-7	只	9.85
联结金具-U 型挂环	UJ-2280	只	26.24
联结金具-U 型挂环	UJ-1880	只	12.65
联结金具-U 型挂环	UL-20	只	14.59
联结金具-U 型挂环	UL-16	只	13.81
联结金具-U 型挂环	UL-12	只	12.66
联结金具-U 型挂环	UL-10	只	9.08
联结金具-U 型挂环	UL-7	只	6.55
11.33 联结金具-耳轴挂板			
联结金具-耳轴挂板	GD-32S	只	112.17
11.34 联结金具-拉杆			
联结金具-拉杆	YL-1640	支	63.45
联结金具-拉杆	YL-1243	支	32.99

续表

材料名称	型号规格	计量单位	价格（元）
联结金具-拉杆	YL-1040	支	20.19
联结金具-拉杆	YL-0940	支	20.77
联结金具-拉杆	YL-2165S	支	63.45
联结金具-拉杆	YL-1650S	支	57.68
11.35　联结金具-球头挂环			
联结金具-球头挂环	Q-12	只	29.25
联结金具-球头挂环	Q-10	只	27.70
联结金具-球头挂环	Q-7	只	16.41
联结金具-球头挂环	QP-25	只	18.66
联结金具-球头挂环	QP-21	只	16.18
联结金具-球头挂环	QP-20	只	11.00
联结金具-球头挂环	QP-16	只	10.08
联结金具-球头挂环	QP-12	只	9.42
联结金具-球头挂环	QP-10	只	8.75
联结金具-球头挂环	QP-7	只	7.69
联结金具-球头挂环	QP-4	只	5.31

续表

材料名称	型号规格	计量单位	价格（元）
联结金具-球头挂环	QP-1660	只	11.40
联结金具-球头挂环	QP-1050	只	4.03
11.36　联结金具-碗头挂板			
联结金具-碗头挂板	W-12	只	21.20
联结金具-碗头挂板	W-10	只	19.23
联结金具-碗头挂板	W-7	只	11.36
联结金具-碗头挂板	WS-30	只	107.08
联结金具-碗头挂板	WS-25	只	89.10
联结金具-碗头挂板	WS-21	只	68.60
联结金具-碗头挂板	WS-20	只	45.05
联结金具-碗头挂板	WS-16	只	34.82
联结金具-碗头挂板	WS-10	只	12.29
联结金具-碗头挂板	WS-7	只	10.71
11.37　联结金具-调整板			
联结金具-调整板	DB-25	块	84.31
联结金具-调整板	DB-21	块	65.46

续表

材料名称	型号规格	计量单位	价格（元）
联结金具-调整板	DB-16	块	34.95
联结金具-调整板	DB-12	块	30.76
联结金具-调整板	DB-10	块	17.53
联结金具-调整板	DB-7	块	11.43
联结金具-调整板	PT-12	块	64.09
联结金具-调整板	PT-10	块	43.83
联结金具-调整板	PT-7	块	37.97
11.38 联结金具-牵引板			
联结金具-牵引板	QY-60	副	124.64
联结金具-牵引板	QY-32	副	87.16
联结金具-牵引板	QY-21	副	70.25
联结金具-牵引板	QY-16	副	65.41
联结金具-牵引板	QY-12	副	60.89
联结金具-牵引板	QY-10	副	30.45
11.39 联结金具-延长环			
联结金具-延长环	PH-25	只	31.08

续表

材料名称	型号规格	计量单位	价格（元）
联结金具-延长环	PH-20	只	17.84
联结金具-延长环	PH-16	只	12.49
联结金具-延长环	PH-12	只	10.94
联结金具-延长环	PH-10	只	7.04
联结金具-延长环	PH-7	只	6.42
11.40 联结金具-直角挂板			
联结金具-直角挂板	Z-50	只	228.59
联结金具-直角挂板	Z-30	只	83.26
联结金具-直角挂板	Z-25	只	64.99
联结金具-直角挂板	Z-21	只	56.99
联结金具-直角挂板	Z-20	只	49.21
联结金具-直角挂板	Z-16	只	36.67
联结金具-直角挂板	Z-12	只	21.81
联结金具-直角挂板	Z-10	只	8.20
联结金具-直角挂板	Z-7	只	7.45
联结金具-直角挂板	Z1-25	只	59.16

续表

材料名称	型号规格	计量单位	价格（元）
联结金具-直角挂板	Z1-12	只	18.57
联结金具-直角挂板	Z1-7	只	9.43
联结金具-直角挂板	ZBS-32	只	153.81
联结金具-直角挂板	ZBS-16	只	88.59
联结金具-直角挂板	ZS-21	只	47.33
联结金具-直角挂板	ZS-16	只	21.87
联结金具-直角挂板	ZS-10	只	10.77
联结金具-直角挂板	ZS-7	只	7.65
11.41　联结金具-直角挂环			
联结金具-直角挂环	ZH-16	只	13.54
联结金具-直角挂环	ZH-12	只	13.13
联结金具-直角挂环	ZH-10	只	10.62
联结金具-直角挂环	ZH-7	只	7.17
11.42　联结金具-心形环			
联结金具-心形环	TC-07	只	3.81
联结金具-心形环	TH-100	只	15.49

续表

材料名称	型号规格	计量单位	价格（元）
11.43　联结金具-支撑架			
联结金具-支撑架	ZCJ-45	副	163.12
11.44　母线金具-导线固定金具			
母线金具-导线固定金具	MDG-1000N-254	副	92.49
母线金具-导线固定金具	MDG-500N-254	副	19.41
母线金具-导线固定金具	MSG-5/200-225	副	80.65
母线金具-导线固定金具	MSG-4/120-225	副	52.53
母线金具-导线固定金具	MZD（2+20）	副	97.66
母线金具-导线固定金具	MZD（2+16）	副	87.49
母线金具-导线固定金具	MZD（2+12）	副	58.93
母线金具-导线固定金具	MZD（2+8）	副	49.05
11.45　耐张线夹-集束型			
耐张线夹-集束型	JNS-2A	副	14.26
耐张线夹-集束型	JNS-1A	副	11.37
耐张线夹-集束型	NXJ-70	副	23.88
耐张线夹-集束型	NXJ-4×120	副	19.59

续表

材料名称	型号规格	计量单位	价格（元）
耐张线夹-集束型	NXJ-4×50	副	12.09
耐张线夹-集束型	NXJ-4×35	副	9.96
11.46　耐张线夹-楔型绝缘			
耐张线夹-楔型绝缘	NXJ-240	副	51.53
耐张线夹-楔型绝缘	NXJ-150	副	36.94
耐张线夹-楔型绝缘	NXJ-120	副	35.04
耐张线夹-楔型绝缘	NXJ-70	副	24.52
耐张线夹-楔型绝缘	NXJG-4	副	36.29
耐张线夹-楔型绝缘	NXJG-3	副	27.04
耐张线夹-楔型绝缘	NXJG-2	副	21.96
耐张线夹-楔型绝缘	NXJG-1	副	15.38
耐张线夹-楔型绝缘	NXL-4	副	42.30
耐张线夹-楔型绝缘	NXL-3	副	27.49
耐张线夹-楔型绝缘	NXL-2	副	22.80
耐张线夹-楔型绝缘	NXL-1	副	20.59

续表

材料名称	型号规格	计量单位	价格（元）
11.47　耐张线夹-螺栓型			
耐张线夹-螺栓型	NLD-4	副	67.64
耐张线夹-螺栓型	NLD-3	副	42.56
耐张线夹-螺栓型	NLD-2	副	20.10
耐张线夹-螺栓型	NLD-1	副	13.95
耐张线夹-螺栓型	NLL-4	副	47.04
耐张线夹-螺栓型	NLL-3	副	38.12
耐张线夹-螺栓型	NLL-2	副	22.96
耐张线夹-螺栓型	NLL-1	副	15.23
11.48　设备线夹-变压器线夹			
设备线夹-变压器线夹	M56	副	99.30
设备线夹-变压器线夹	M48	副	93.96
设备线夹-变压器线夹	M42	副	88.62
设备线夹-变压器线夹	M36	副	83.29
设备线夹-变压器线夹	M32	副	77.94
设备线夹-变压器线夹	M30	副	72.61

续表

材料名称	型号规格	计量单位	价格（元）
设备线夹-变压器线夹	M20	副	49.94
设备线夹-变压器线夹	M18	副	42.09
设备线夹-变压器线夹	M16	副	33.90
设备线夹-变压器线夹	M14	副	33.39
设备线夹-变压器线夹	M12	副	25.99
11.49 耐张线夹-液压型			
耐张线夹-液压型	NY-120/20	副	47.58
耐张线夹-液压型	NY-120/25	副	47.58
耐张线夹-液压型	NY-150/20	副	49.39
耐张线夹-液压型	NY-150/25	副	49.39
耐张线夹-液压型	NY-185/25	副	53.05
耐张线夹-液压型	NY-185/30	副	53.05
耐张线夹-液压型	NY-240/30A	副	62.86
耐张线夹-液压型	NY-240/30B	副	62.86
耐张线夹-液压型	NY-240/30	副	62.87
耐张线夹-液压型	NY-240/40	副	62.88

续表

材料名称	型号规格	计量单位	价格（元）
耐张线夹-液压型	NY-300/25A	副	85.17
耐张线夹-液压型	NY-300/25B	副	85.17
耐张线夹-液压型	NY-300/25	副	81.37
耐张线夹-液压型	NY-300/40A	副	77.29
耐张线夹-液压型	NY-300/40B	副	77.29
耐张线夹-液压型	NY-300/40	副	77.29
耐张线夹-液压型	NY-400/35A	副	97.06
耐张线夹-液压型	NY-400/35B	副	117.17
耐张线夹-液压型	NY-400/35	副	109.65
耐张线夹-液压型	NY-400/50	副	116.21
耐张线夹-液压型	NY-500/35	副	156.61
耐张线夹-液压型	NY-500/45	副	171.74
耐张线夹-液压型	NY-630/45	副	190.90
耐张线夹-液压型	NY-630/55	副	223.59
耐张线夹-液压型	NY-720/50	副	311.85
耐张线夹-液压型	NY-80BG	副	70.49

续表

材料名称	型号规格	计量单位	价格（元）
耐张线夹-液压型	NY-JL/LHA1-135/140A	副	87.71
耐张线夹-液压型	NY-JL/LHA1-210/220B	副	378.50
耐张线夹-液压型	NY-JLHA3-275A	副	100.11
耐张线夹-液压型	NY-JLHA3-340A	副	113.53
耐张线夹-液压型	NY-JLHA3-450A	副	123.84
耐张线夹-液压型	NYG-400/35A	副	122.67
11.50 设备线夹-双导线设备线夹			
设备线夹-双导线设备线夹	SSY-240/40	副	78.76
设备线夹-双导线设备线夹	SSY-300/25	副	81.59
设备线夹-双导线设备线夹	SSY-400/35	副	105.91
设备线夹-双导线设备线夹	SSY-630/45	副	162.19
设备线夹-双导线设备线夹	SSY-800/200	副	263.05
设备线夹-双导线设备线夹	SSY-1440/200	副	408.39
设备线夹-双导线设备线夹	SSY-1600/400	副	522.59
设备线夹-双导线设备线夹	SSYG-300/25	副	84.25
设备线夹-双导线设备线夹	SSYG-400/35	副	96.39

续表

材料名称	型号规格	计量单位	价格（元）
设备线夹-双导线设备线夹	SSYG-630/45	副	175.22
设备线夹-双导线设备线夹	SSYG-1440/200	副	505.03
11.51　设备线夹-螺栓型设备线夹			
设备线夹-螺栓型设备线夹	SL-10	副	16.71
设备线夹-螺栓型设备线夹	SL-8	副	14.93
设备线夹-螺栓型设备线夹	SL-5	副	11.95
设备线夹-螺栓型设备线夹	SL-4	副	10.51
设备线夹-螺栓型设备线夹	SL-3	副	10.22
设备线夹-螺栓型设备线夹	SL-2	副	6.57
设备线夹-螺栓型设备线夹	SL-1	副	5.45
设备线夹-螺栓型设备线夹	SL-630A	副	40.07
设备线夹-螺栓型设备线夹	SL-300A	副	12.58
设备线夹-螺栓型设备线夹	SLG-8	副	27.46
设备线夹-螺栓型设备线夹	SLG-4	副	17.75
设备线夹-螺栓型设备线夹	SLG-3	副	17.19
设备线夹-螺栓型设备线夹	SLG-2	副	13.04

续表

材料名称	型号规格	计量单位	价格（元）
设备线夹-螺栓型设备线夹	SLG-1	副	10.66
11.52　设备线夹-压缩型设备线夹			
设备线夹-压缩型设备线夹	SY-50A	副	2.51
设备线夹-压缩型设备线夹	SY-70/10	副	6.36
设备线夹-压缩型设备线夹	SY-95/20	副	8.02
设备线夹-压缩型设备线夹	SY-120/25	副	12.24
设备线夹-压缩型设备线夹	SY-150/25	副	15.16
设备线夹-压缩型设备线夹	SY-150/30	副	15.91
设备线夹-压缩型设备线夹	SY-185/10	副	17.53
设备线夹-压缩型设备线夹	SY-185/25	副	20.28
设备线夹-压缩型设备线夹	SY-240/30	副	22.15
设备线夹-压缩型设备线夹	SY-300/20	副	24.62
设备线夹-压缩型设备线夹	SY-300/25	副	25.24
设备线夹-压缩型设备线夹	SY-300/40	副	25.24
设备线夹-压缩型设备线夹	SY-400/25	副	31.63
设备线夹-压缩型设备线夹	SY-400/35	副	31.63

续表

材料名称	型号规格	计量单位	价格（元）
设备线夹-压缩型设备线夹	SY-400/40	副	31.63
设备线夹-压缩型设备线夹	SY-500/35	副	36.11
设备线夹-压缩型设备线夹	SY-500/45	副	53.09
设备线夹-压缩型设备线夹	SY-630/45	副	53.34
11.53　设备线夹-铜铝过渡设备线夹			
设备线夹-铜铝过渡设备线夹	SLG-4A-100×100	副	72.87
设备线夹-铜铝过渡设备线夹	SLG-4A-80×80	副	40.71
设备线夹-铜铝过渡设备线夹	SLG-4A	副	19.69
设备线夹-铜铝过渡设备线夹	SLG-3A	副	18.87
设备线夹-铜铝过渡设备线夹	SLG-2A	副	15.79
设备线夹-铜铝过渡设备线夹	SLG-1A	副	14.05
设备线夹-铜铝过渡设备线夹	SLG-4B-100×100	副	47.32
设备线夹-铜铝过渡设备线夹	SLG-4B-80×80	副	25.90
设备线夹-铜铝过渡设备线夹	SLG-4B	副	15.58
设备线夹-铜铝过渡设备线夹	SLG-3B	副	15.58
设备线夹-铜铝过渡设备线夹	SLG-2B	副	12.39

续表

材料名称	型号规格	计量单位	价格（元）
设备线夹-铜铝过渡设备线夹	SLG-1B	副	8.77
设备线夹-铜铝过渡设备线夹	SLG-630A	副	67.37
设备线夹-铜铝过渡设备线夹	SLG-400B	副	42.85
设备线夹-铜铝过渡设备线夹	SYG-35B	副	8.87
设备线夹-铜铝过渡设备线夹	SYG-50/8	副	10.21
设备线夹-铜铝过渡设备线夹	SYG-70/10	副	13.95
设备线夹-铜铝过渡设备线夹	SYG-95/15	副	16.04
设备线夹-铜铝过渡设备线夹	SYG-120/25	副	18.14
设备线夹-铜铝过渡设备线夹	SYG-150/20	副	15.00
设备线夹-铜铝过渡设备线夹	SYG-185/25	副	28.69
设备线夹-铜铝过渡设备线夹	SYG-185/30	副	31.59
设备线夹-铜铝过渡设备线夹	SYG-240/30	副	35.41
设备线夹-铜铝过渡设备线夹	SYG-240/40	副	37.48
设备线夹-铜铝过渡设备线夹	SYG-300/25	副	44.14
设备线夹-铜铝过渡设备线夹	SYG-300/40	副	46.87
设备线夹-铜铝过渡设备线夹	SYG-400/35	副	49.95

续表

材料名称	型号规格	计量单位	价格（元）
设备线夹-铜铝过渡设备线夹	SYG-400/50	副	52.21
设备线夹-铜铝过渡设备线夹	SYG-500/35	副	60.24
设备线夹-铜铝过渡设备线夹	SYG-500/45	副	61.54
11.54 悬垂线夹-带挂板			
悬垂线夹-带挂板	XGU-2A	副	25.71
悬垂线夹-带挂板	XGU-4A	副	50.65
悬垂线夹-带挂板	XGU-4B	副	59.49
悬垂线夹-带挂板	XGU-5A	副	64.31
悬垂线夹-带挂板	XGU-5B	副	74.34
悬垂线夹-带挂板	XGU-6A	副	82.03
11.55 悬垂线夹-防磨、提包式			
悬垂线夹-防磨、提包式	XGH-6	副	127.12
悬垂线夹-防磨、提包式	XGH-5	副	42.05
悬垂线夹-防磨、提包式	XGH-4	副	37.94
悬垂线夹-防磨、提包式	XGH-3	副	32.81
悬垂线夹-防磨、提包式	XGH-2	副	24.61

续表

材料名称	型号规格	计量单位	价格（元）
悬垂线夹-防磨、提包式	XGU-6F	副	144.08
悬垂线夹-防磨、提包式	XGU-5F	副	125.48
悬垂线夹-防磨、提包式	XGU-4F	副	75.93
悬垂线夹-防磨、提包式	XGU-3F	副	58.14
悬垂线夹-防磨、提包式	XGU-2F	副	56.92
悬垂线夹-防磨、提包式	XGU-1F	副	41.11
11.56 悬垂线夹-回转型			
悬垂线夹-回转型	XGU-5	副	43.49
悬垂线夹-回转型	XGU-4	副	28.77
悬垂线夹-回转型	XGU-3	副	24.52
悬垂线夹-回转型	XGU-2	副	20.00
悬垂线夹-回转型	XGU-1	副	18.05
11.57 悬垂线夹-双导线			
悬垂线夹-双导线	XCS-6	副	175.38
悬垂线夹-双导线	XCS-5	副	154.89
悬垂线夹-双导线	XCS-4	副	134.46

续表

材料名称	型号规格	计量单位	价格（元）
悬垂线夹-双导线	XTS-6	副	131.28
悬垂线夹-双导线	XTS-2	副	84.03
悬垂线夹-双导线	XTS-1	副	76.15
11.58　悬垂线夹-下垂式、上扛式			
悬垂线夹-下垂式、上扛式	XF-8038	副	129.39
悬垂线夹-下垂式、上扛式	XFK-8038	副	134.82
悬垂线夹-下垂式、上扛式	XGF-9X	副	162.35
悬垂线夹-下垂式、上扛式	XGF-6X	副	137.51
悬垂线夹-下垂式、上扛式	XGF-5X	副	115.67
悬垂线夹-下垂式、上扛式	XGF-4X	副	82.00
悬垂线夹-下垂式、上扛式	XGF-8038	副	129.39
悬垂线夹-下垂式、上扛式	XGF-300	副	122.56
悬垂线夹-下垂式、上扛式	XGH-5	副	45.27
11.59　10kV 导线耐张串			
10kV 导线耐张串	$185mm^2$，70kN	套	87.58
10kV 导线耐张串	$150mm^2$，70kN	套	87.28

续表

材料名称	型号规格	计量单位	价格（元）
10kV 导线耐张串	$95mm^2$，45kN	套	87.27
10kV 导线耐张串	$50mm^2$，45kN	套	87.09
11.60　380V 导线耐张串			
380V 导线耐张串	$185mm^2$，70kN	套	87.58
380V 导线耐张串	$150mm^2$，70kN	套	87.28
380V 导线耐张串	$95mm^2$，45kN	套	87.27
380V 导线耐张串	$50mm^2$，45kN	套	87.09
11.61　拉线棒			
拉线棒	ϕ25，3000mm	根	93.38
拉线棒	ϕ25，1500mm	根	35.43
拉线棒	ϕ25，600mm	根	26.43
拉线棒	ϕ24，3100mm	根	94.56
拉线棒	ϕ22，4000mm	根	104.60
拉线棒	ϕ22，3100mm	根	77.72
拉线棒	ϕ22，2500mm	根	61.17
拉线棒	ϕ22，2000mm	根	49.82

续表

材料名称	型号规格	计量单位	价格（元）
拉线棒	ϕ20，3500mm	根	73. 18
拉线棒	ϕ20，3100mm	根	60. 51
拉线棒	ϕ20，3000mm	根	55. 94
拉线棒	ϕ20，2800mm	根	55. 78
拉线棒	ϕ20，2700mm	根	54. 11
拉线棒	ϕ20，2600mm	根	51. 27
拉线棒	ϕ20，2500mm	根	50. 73
拉线棒	ϕ20，2300mm	根	46. 60
拉线棒	ϕ20，2000mm	根	33. 96
拉线棒	ϕ20，1500mm	根	28. 31
拉线棒	ϕ18，3000mm	根	50. 88
拉线棒	ϕ18，2700mm	根	44. 20
拉线棒	ϕ18，2500mm	根	41. 16
拉线棒	ϕ18，2100mm	根	35. 94
拉线棒	ϕ18，1800mm	根	31. 29
拉线棒	ϕ16，2500mm	根	34. 44

续表

材料名称	型号规格	计量单位	价格（元）
拉线棒	ϕ16，2100mm	根	28.20
拉线棒	ϕ16，2000mm	根	27.81
拉线棒	ϕ16，1500mm	根	21.37
拉线棒	ϕ16，1200mm	根	17.68

第12章 杆塔及附件

材料名称	型号规格	计量单位	价格（元）
12.1　铁塔			
铁塔	角钢，无，AC 10kV	t	8546
12.2　钢管杆（桩）			
钢管杆（桩）	Q345	t	8566
12.3　锥形水泥杆			
锥形水泥杆	21m，230mm，M	根	5887
锥形水泥杆	18m，430mm，U2	根	19933
锥形水泥杆	18m，350mm，T	根	12274
锥形水泥杆	18m，270mm，O	根	9059
锥形水泥杆	18m，230mm，N	根	5432
锥形水泥杆	18m，190mm，M	根	4165
锥形水泥杆	18m，190mm，N	根	3078
锥形水泥杆	15m，430mm，U2	根	11894
锥形水泥杆	15m，350mm，T	根	10287
锥形水泥杆	15m，270mm，O	根	7696
锥形水泥杆	15m，230mm，N	根	4026
锥形水泥杆	15m，230mm，M	根	3623

续表

材料名称	型号规格	计量单位	价格（元）
锥形水泥杆	15m，190mm，M	根	3543
锥形水泥杆	15m，190mm，I	根	3204
锥形水泥杆	12m，430mm，U2	根	11859
锥形水泥杆	12m，350mm，T	根	9265
锥形水泥杆	12m，270mm，O	根	3733
锥形水泥杆	12m，230mm，N	根	2993
锥形水泥杆	12m，190mm，I	根	1848
锥形水泥杆	12m，190mm，K	根	1681
锥形水泥杆	12m，190mm，M	根	2638
锥形水泥杆	10m，190mm，M	根	1996
锥形水泥杆	10m，190mm，G	根	2057
锥形水泥杆	10m，190mm，I	根	1621
锥形水泥杆	10m，190mm，K	根	1196
锥形水泥杆	10m，150mm，G	根	1115
锥形水泥杆	8m，150mm，G	根	928

续表

材料名称	型号规格	计量单位	价格（元）
12.4 等径水泥杆			
等径水泥杆	400mm，4.5m，16ϕ16	根	1337
等径水泥杆	400mm，3m，16ϕ16	根	948
等径水泥杆	300mm，9m，18ϕ16	根	2910
等径水泥杆	300mm，9m，14ϕ16	根	2442
等径水泥杆	300mm，9m，14ϕ14	根	2230
等径水泥杆	300mm，9m，14ϕ12	根	1600
等径水泥杆	300mm，9m，12ϕ16	根	2248
等径水泥杆	300mm，9m，12ϕ14	根	1973
等径水泥杆	300mm，9m，12ϕ12	根	1784
等径水泥杆	300mm，6m，18ϕ16	根	2218
等径水泥杆	300mm，6m，16ϕ16	根	2071
等径水泥杆	300mm，6m，14ϕ16	根	2211
等径水泥杆	300mm，6m，14ϕ14	根	1758
等径水泥杆	300mm，6m，14ϕ12	根	1449
等径水泥杆	300mm，6m，12ϕ14	根	1615

续表

材料名称	型号规格	计量单位	价格（元）
等径水泥杆	300mm，6m，12ϕ12	根	1321
等径水泥杆	300mm，4.5m，18ϕ16	根	1304
等径水泥杆	300mm，4.5m，16ϕ16	根	1304
等径水泥杆	300mm，4.5m，14ϕ16	根	1227
等径水泥杆	300mm，4.5m，14ϕ14	根	1059
等径水泥杆	300mm，4.5m，12ϕ12	根	849
等径水泥杆	300mm，3m，16ϕ16	根	893
等径水泥杆	300mm，3m，14ϕ16	根	836
12.5 超高性能混凝土杆			
超高性能混凝土杆	18m，270mm	根	11262
超高性能混凝土杆	18m，230mm	根	9721
超高性能混凝土杆	15m，230mm	根	8105
超高性能混凝土杆	15m，190mm	根	4929
超高性能混凝土杆	12m，230mm	根	7308
超高性能混凝土杆	12m，190mm	根	4501
超高性能混凝土杆	10m，190mm	根	3952

续表

材料名称	型号规格	计量单位	价格（元）
12.6　水泥制品			
水泥制品	套筒，1800×800×800	块	1097
水泥制品	卡盘，1000×300×150	块	130
水泥制品	卡盘，1000×300×200	块	182
水泥制品	卡盘，400×400×800	块	320
水泥制品	卡盘，350×150×1700	块	292
水泥制品	卡盘，250×300×800	块	277
水泥制品	底盘，1200×1200×200	块	174
水泥制品	底盘，1000×1000×500	块	537
水泥制品	底盘，1000×1000×200	块	465
水泥制品	底盘，1000×1000×150	块	347
水泥制品	底盘，800×800×200	块	343
水泥制品	底盘，800×800×150	块	307
水泥制品	拉盘，800×500×200	块	193
水泥制品	拉盘，750×1500×200	块	243
水泥制品	拉盘，600×1200×200	块	361

续表

材料名称	型号规格	计量单位	价格（元）
水泥制品	拉盘，600×600×1200	块	383
水泥制品	拉盘，500×1000×200	块	209
水泥制品	拉盘，500×500×1000	块	250
水泥制品	拉盘，400×800×200	块	252
水泥制品	拉盘，400×800×150	块	166
水泥制品	拉盘，400×400×800	块	216
水泥制品	拉盘，300×600×200	块	135
水泥制品	拉盘，300×300×600	块	172
水泥制品	拉盘，1000×1000×500	块	445
水泥制品	标志桩（砖），150×150×600	块	172
水泥制品	标志桩（砖），120×120×800	块	137
水泥制品	标志桩（砖），100×100×600	块	103
水泥制品	标志桩（砖），50×240×240	块	62
水泥制品	标志桩（砖），30×30×350	块	58

第13章 布线材料

材料名称	型号规格	计量单位	价格（元）
电缆保护管	BWFRP，ϕ250	m	204.38
电缆保护管	BWFRP，ϕ200	m	169.34
电缆保护管	BWFRP，ϕ150	m	129.44
电缆保护管	BWFRP，ϕ100	m	74.94
电缆保护管	CPVC，ϕ200	m	93.72
电缆保护管	CPVC，ϕ175	m	95.16
电缆保护管	CPVC，ϕ150	m	45.00
电缆保护管	CPVC，ϕ100	m	19.78
电缆保护管	CPVC，ϕ50	m	8.09
电缆保护管	CPVC，ϕ32	m	5.05
电缆保护管	HPVC，ϕ100	m	37.17
电缆保护管	MFPT，ϕ200	m	113.66
电缆保护管	MFPT，ϕ175	m	90.93
电缆保护管	MFPT，ϕ150	m	68.74
电缆保护管	MFPT，ϕ100	m	46.06
电缆保护管	MPP，ϕ200	m	254.79
电缆保护管	MPP，ϕ175	m	131.78

续表

材料名称	型号规格	计量单位	价格（元）
电缆保护管	MPP，ϕ150	m	77.44
电缆保护管	MPP，ϕ100	m	55.88
电缆保护管	N-HAP，ϕ200	m	110.00
电缆保护管	N-HAP，ϕ175	m	99.00
电缆保护管	N-HAP，ϕ150	m	72.00
电缆保护管	N-HAP，ϕ100	m	54.00
电缆保护管	N-HAP，ϕ50	m	31.34
电缆保护管	PE，ϕ40	m	6.07
电缆保护管	PE，ϕ32	m	5.05
电缆保护管	PVC，ϕ250	m	70.36
电缆保护管	PVC，ϕ50	m	9.10
电缆保护管	PVC，ϕ32	m	3.24
电缆保护管	PVC，ϕ25	m	2.12
电缆保护管	UPVC，ϕ32	m	30.93
电缆保护管	钢管，ϕ150	m	126.32
电缆保护管	钢管，ϕ100	m	70.41

第14章 接地装置及材料

材料名称	型号规格	计量单位	价格（元）
14.1　接地铜板			
紫铜板		t	78680
黄铜板		t	70249
14.2　镀锌扁钢			
镀锌扁钢		t	6014
14.3　角钢接地极			
角钢接地极		t	5502
14.4　石墨接地体			
石墨接地体		t	4760
14.5　电解质接地极			
电解质接地极		根	9490
14.6　验电接地环			
验电接地环	BYD-0	个	22.87
验电接地环	BYD-1	个	27.78
验电接地环	BYD-2	个	32.68
14.7　穿刺验电接地环			
穿刺验电接地环	JBCD-1	个	65.35

续表

材料名称	型号规格	计量单位	价格（元）
穿刺验电接地环	JBCD-2	个	75.16
14.8　小电阻接地成套装置			
小电阻接地成套装置	AC 20kV，600A，10s	套	168100
小电阻接地成套装置	AC 10kV，1000A，10s	套	31700

第15章 主要建筑材料

材料名称	型号规格	计量单位	价格（元）
15.1　型钢、阀门、铁件			
等边角钢	∠50mm 以下	kg	5.06
等边角钢	∠63mm 以下	kg	5.06
冷拔低碳钢丝		kg	5.38
圆钢	ϕ10 以下	kg	4.97
圆钢	ϕ10 以上	kg	4.97
中厚钢板	δ20mm 以下	kg	5.27
金属压型板	0.8mm　V-125 型	m	59.24
复合压型钢板	δ50mm	m	2452
复合压型钢板	δ75mm	m	2538
铸铁井盖	ϕ900	套	1590
螺纹连接截止阀	J11T-16　DN25	只	43.00
预埋铁件	综合	kg	6.50
15.2　碎石			
碎石	最大粒径　15mm	m^3	165.15
碎石	最大粒径　20mm	m^3	155.00
碎石	最大粒径　40mm	m^3	150.00

续表

材料名称	型号规格	计量单位	价格（元）
15.3　砂浆、石子浆、水泥浆			
混合砂浆	M2.5	m^3	308.54
水泥砂浆	M10	m^3	381.06
水泥砂浆	M5	m^3	366.36
混合砂浆	1∶1∶4	m^3	430.92
混合砂浆	1∶1∶6	m^3	388.68
混合砂浆	1∶0∶3	m^3	455.20
混合砂浆	1∶0∶2	m^3	481.55
水泥砂浆	1∶1	m^3	572.29
水泥砂浆	1∶2	m^3	514.26
水泥砂浆	1∶3	m^3	421.03
TG 砂浆	1∶0.2∶6	m^3	444.23
水泥白石子浆	1∶3	m^3	589.88
白水泥浆		m^3	467.53
15.4　冷底子油			
冷底子油	3∶7	kg	5.69

续表

材料名称	型号规格	计量单位	价格（元）
15.5　水泥蛭石			
水泥蛭石	1：12	m^3	189.08
15.6　灰土			
灰土	3：7	m^3	68.34
15.7　预制块料			
混凝土预制块	250×250×55	块	5.27
加气混凝土块	600×240×150	块	7.16
混凝土沿石	500×300×120	块	18.87
15.8　砖、砂石、土、炉渣			
中砂		m^3	141.04
毛石	70~190mm	m^3	127.00
土		m^3	44.74
水泥炉渣	1：6	m^3	232.22
实心砖	240×115×53	千块	641.00
黏土空心砖	240×115×115	千块	912.62

续表

材料名称	型号规格	计量单位	价格（元）
15.9　门窗、卷闸			
塑钢门	推拉式	m^2	495.58
钢防火门		樘	2803.54
铝合金平开门		m^2	570.71
铝合金推拉门		m^2	425.00
卷闸	镀锌薄钢板	m^2	308.25
卷闸	铝合金	m^2	340.71
卷闸电动装置		套	2074.81
铝合金窗	固定式	m^2	411.50
铝合金窗	推拉式	m^2	464.60
铝合金窗	平开式	m^2	602.08
铝合金窗	纱窗扇	m^2	110.00
塑钢窗		m^2	398.23
成品木门		樘	1100.00
钢大门		m^2	650.00

续表

材料名称	型号规格	计量单位	价格（元）
15.10　卫生洁具及其附件			
大便器	蹲便器	个	650.00
地漏		个	46.63
塑料给水管	DN25	m	7.27
洗脸（手）盆	全套	套	674.09
承插塑料排水管		m	18.73
承插塑料排水管管件		个	6.64

主要编制人：董士波　周　慧　顾　爽　曹　妍　赵奎运　俞　敏
陈易浩　赵梦竹　曾　晓　赵晓芳　董明睿　余光秀